屋主都説讚
全能小宅設計

擺脫制式房廳侷限，收納強、機能多、有風格、無壓力，
理想生活從小宅開始

目錄

006　**PART 1 千萬要避免！最常見的小宅 NG 設計**

008　POINT 1 隔間零碎，動線曲折不順
　　　NG1 長型大套房格局，隔間在單側，造成冗長陰暗的走道
　　　NG2 方形屋轉折動線過多，形成坪效浪費
　　　NG3 進門就是浴室或廚房，動線超尷尬
　　　NG4 利用屋型造成的畸零角落，反讓變得零碎更難用

012　POINT 2 公私領域分配失衡
　　　NG1 房間過大，客廳過小也沒空間規劃餐廳
　　　NG2 規劃兩間浴室，兩間都侷促難以使用
　　　NG3 開門見床，沒有隱私

015　POINT 3 挑高往上爭取空間，導致壓迫又陰暗
　　　NG1 高度不足增設上層，總是要彎腰怕撞頭
　　　NG2 增設上層後影響室內採光變得陰暗
　　　NG3 樓梯佔位置，甚至卡到大樑

018   POINT 4 想放大空間感，卻顧此失彼
              NG1 貼鏡子有放大效果，但到處反射造成心神不寧
              NG2 隔間全拆改用玻璃，缺乏隱私反而沒有安全感

020   POINT 5 折來收去機能滿滿，實際上卻難用
              NG1 架高地板做招待客人的和室，一年用不到幾次
              NG2 配備全能住宅機關設計，沒在用導致五金損壞變不能用
              NG3 想要收納增量做了機關設計，但沒考慮承重等設計細節
              NG4 想要餐桌兼書桌用，電腦 3C 佔滿桌面反而沒處吃飯

024   POINT 6 收納不恰當，東西堆放亂糟糟
              NG1 收納櫃集中一處，坪數雖小拿東西卻要折返跑
              NG2 櫃子做很多，但是東西擺上去就是顯得亂
              NG3 做了大衣櫃，換季棉被還是沒地方收
              NG4 量身訂作了很多收納，卻缺乏使用上的彈性

028   **PART 2 想要的機能通通滿足！一個空間多種用途**

030   POINT 1 超神奇！一間變兩間的空間魔法術

038   POINT 2 超靈活！朋友留宿不怕沒房間

048   POINT 3 超功能！既是隔間又是收納

060   POINT 4 超滿足！多層設計加大不加價

072   PART 3 坪數小也能有空曠感！房子變大又變寬

074   POINT 1 不只空間變大，打開門也不用擔心看光光！

092   POINT 2 一房變兩房，空間還這麼寬敞！

104   POINT 3 小房也能擁有豪宅設備，空間感還不打折！

110   POINT 4 一層變兩層，不但不壓迫還變大！

116   **PART 4 房小物多照樣收！生活感無壓力收納設計**

118   POINT 1 不壓迫！櫃子這樣做收納滿載又不顯亂

144   POINT 2 不礙眼！眼不見為淨的隱藏收納

150   POINT 3 不簡單！一石好幾鳥的多功能收納

157   PLUS 裝潢重點提示

158　　**PART 5 迷你又充滿個性魅力！風格營造與配色佈置**

160　　POINT 1 房子小，更要有自己的風格！

176　　POINT 2 把蒐藏都擺上，空間照樣寬敞！

182　　POINT 3 只是用個顏色，房子不只變大還更有型！

198　　POINT 4 是誰說大傢具不適合小房子！

202　　PLUS 提升質感重點提示

203　　PLUS 營造風格重點提示

204　　附錄 本書諮詢設計公司

PART 1
千萬要避免！最常見的小宅 NG 設計

總是想在家中容納所有想要的機能，無奈空間總是有限，尤其是小坪數的房子，先天條件就是小，更需要恰如其分的設計，過猶不及都可能變成好看卻不中用的 NG 設計。本單元解析小宅常出現的問題，並提供改善方案及真正好用的設計關鍵，讓你不用多花裝潢冤枉錢，做對設計生活好愜意。

POINT 1 隔間零碎，動線曲折不順

POINT 2 公私領域分配失衡

POINT 3 挑高往上爭取空間，導致壓迫又陰暗

POINT 4 想放大空間感，卻顧此失彼

POINT 5 折來收去機能滿滿，實際上卻難用

POINT 6 收納不恰當，東西堆放亂糟糟

Point 01 隔間零碎，動線曲折不順

NG 1 長型大套房格局，隔間在單側，造成冗長陰暗的走道

> 每天回家都要經過狹窄陰暗的走道，連放鞋子的地方也沒有。

插畫 © 楊晏誌

圖片提供 © 蟲點子創意設計

S olution

捨棄實牆隔間，走道就能引光入室

長型屋格局走道難以避免，只要轉換隔間的概念，不用「實牆」區分空間，改透過具收納功能的鞋櫃、餐櫃、廚具吧檯、半高櫃，或落地簾、捲簾、拉門等彈性隔間界定餐廚、客廳和臥房等區，走道不再被隔牆所困，不但是通道更能將採光引入室內各處。

NG 2 方形屋轉折動線過多，形成坪效浪費

> 明明就是小房子，但要去每個空間都好曲折，也有許多不知如何利用的閒置角落。

插畫 © 楊晏誌

Solution

零碎格局被整合，空間多用途坪效變高了

普遍民眾都喜歡「方正」的房子，實際上正方形不易規劃出好的動線及格局，空間缺乏長邊，擺傢具也是考驗。因此劃分區域時建議以長方形規劃，同時適度採用彈性隔間或開放式設計，維持通透的空間感，例如方形空間分成客廳與書房，書房架高地板並以玻璃拉門做彈性隔間，書房也能做預備房間使用。

圖片提供 © 蟲點子創意設計

NG 3　進門就是浴室或廚房，動線超尷尬

插畫 © 楊晏誌

圖片提供 © 蟲點子創意設計

S olution

進門見廚衛，把門藏起來化降低存在感

小坪數住宅經常將一字型廚具或浴廁規劃在大門進來之處，導致一開門就看到廚房的凌亂或浴廁內部。但因管道間或配管線問題，不移動廚衛位置，改用將門片藏於無形的設計方式，讓進門的空間變得清爽俐落。以茶玻做為浴廁門片並包覆廚櫃的一體設計，讓人無法察覺。

PART

1

千萬要避免！最常見的小宅 NG 設計 —— POINT 1 隔間零碎，動線曲折不順

NG 4 　利用屋型造成的畸零角落，反讓變得零碎更難用

插畫 © 楊晏誌

Solution

畸零地劃歸收納，
拉齊空間線條好俐落

因建築造型或結構樑柱的關係，在小宅中常出現難以運用的畸零空間，一般市售家具尺寸難以匹配，勉強使用反而造成容易堆積物品、藏汙納垢的死角。此時藉由量身規劃的設計，將突出的樑柱、走道等與收納需求統合規劃櫃牆、櫥櫃、儲藏室等，以材質或色彩一致的門片，讓視覺感受變得簡單俐落，化解難用的畸零地，變身高效能收納區。

攝影 ©Yvonne

Point 02 公私領域分配失衡

NG 1 房間過大，客廳過小也沒空間規劃餐廳

> 只有睡覺才會進房間，卻把空間分配房間，常常使用的客廳反而又擠又小。

插畫 © 楊晏誌

Solution

把坪數分配給使用時間最長的空間

裝潢居家時，經常會投入許多對生活的期待：要五星飯店感的臥房、要美劇中的開放式大餐廚、要讓客人留宿的客房……但卻忽略了自己和家人每天最常使用的空間的便利舒適度。家是每天生活、放鬆安居的場域，沒必要花錢為別人著想，在規畫小住宅格局時，更要將坪數分配給重點使用區域，以免做了很多裝潢仍感到空間侷促、機能不全。

圖片提供 © 奇逸空間設計

NG 2　規劃兩間浴室，兩間都侷促難以使用

好想要乾濕分離、能放鬆洗澡的衛浴喔！

插畫 © 楊晏誌

S olution

一間機能完備的舒適衛浴更好用

在規劃小宅格局時，求數量多不如求質量高。有些 10 多坪的小宅規劃到兩間衛浴，受限坪數無法乾濕分離，或是連轉身、放換洗衣物的地方都沒有，倒不如一間機能完善的衛浴，若有同時使用的需求，可適當區隔廁所與淋浴區，或外置洗手檯，將空間效益最大化。如這間 3 坪多的主臥，原本還有一間小衛浴，不但形成畸零角落，用起來也不舒適，將其拆除改設深達 1 米的大型衣櫃，換得充裕的衣物收納空間。

圖片提供 © 甘納設計

早上出門太匆忙，讓外人看到臥房的亂象好尷尬。

插畫 © 楊晏誌

圖片提供 © 森境＆王俊宏室內裝修設計工程

Solution
透過動線規劃就能避開尷尬視線

無隔間式的小宅，經常開門就會看到床鋪，讓人感覺被窺視缺乏隱私，除了用布簾、拉門等彈性隔間遮蔽之外，其實透過好的動線設計，就能讓開門的視線不會直接看到隱私空間。這個 12 坪套房藉由一條走道串聯玄關、客廳、書房，睡眠區外側設計臥榻式沙發，不走進室內不會看到睡床，同時在小宅中容納充沛的機能。

PART

1

千萬要避免！最常見的小宅 NG 設計 —— POINT 3 挑高往上爭取空間，導致壓迫又陰暗

Point 03 挑高往上爭取空間，導致壓迫又陰暗

NG 1 高度不足增設上層，總是要彎腰怕撞到頭

挑高3米4，人在上層感覺好壓迫。

插畫 © 楊晏誌

Solution
充分利用地板上和下的空間，一坪當兩坪用

挑高若要增設上層，高度最好超過 4 米，若不足規劃為儲藏室或睡眠空間較合適。另一個思考則是重新設定「地板高度」，收納區做在高處不易拿取物品，反而成為虛設，將地板局部架高，收納區做在地板下方，用來儲放換季衣物棉被或行李箱等非每天使用的物品，或者利用錯層手法，在 1 坪中創造超過 2 坪的使用空間。

圖片提供 © 綺寓空間設計

NG 2 增設上層後影響室內採光變得陰暗

沒想到多了一層，雖然使用空間變大，但採光卻大受影響。

插畫 © 楊晏誌

圖片提供 © 大晴設計

Solution
採光面保留挑空引進自然光

開窗的比例和是否有充足的自然光源，也會影響空間感，盡量將光引入室內，能使空間感得以延伸，自然有大放小宅的效果。挑高宅增設上層若是全部做滿，樓板就可能會阻擋採光，讓室內變得陰暗，解決方式有上層不做滿，順著採光面保留挑空，或是部分樓板採用讓光穿透的材質，化解陰暗問題同時降低壓迫感。

PART

1

千萬要避免！最常見的小宅 NG 設計 — POINT 3 挑高往上爭取空間，導致壓迫又陰暗

NG 3 樓梯佔位置，甚至卡到大樑

> 樓梯雖大但轉角容易撞到頭。

插畫 © 楊晏誌

Solution

樓梯結合機能設計，除了上下也是裝飾

樓梯是複層空間中不可避免的存在，但在小宅裡如果樓梯放錯位置或設計不良，占掉珍貴的坪數不說，更可能讓動線變得不順，產生壓迫感，甚至上下時造成危險疑慮！14 坪的小宅以鋼柱木踏板設計開放式樓梯，結合隔間、衣櫥、書桌，不但成為客廳與臥房的格柵裝飾，同時具備多重機能，將坪效極致發揮。

圖片提供 © 杰瑪室內設計

想放大空間感，
卻顧此失彼

NG 1 貼鏡子有放大效果，但到處反射造成心神不寧

> 貼鏡子想讓
> 空間感變大，實際
> 入住卻常被光影嚇到！

插畫 © 楊晏誌

圖片提供 © 蟲點子創意設計

S olution

局部使用就能達到放大效果

鏡面能反射光線和倒影，有放大空間感的效果。但若在居家中大量運用，容易造成心情不安反而產生壓力，同時也不易清潔維護。可在空間較窄的走道或玄關櫃，適度加入鏡面或鏡面拉門，或是局部採用墨鏡、茶鏡等材質，都有放大空間的視覺效果。

PART

1

千萬要避免！最常見的小宅 NG 設計　POINT 4 想放大空間感，卻顧此失彼

NG 2 隔間全拆改用玻璃，缺乏隱私反而沒有安全感

> 玻璃隔間是不會阻礙視線，但容易分心又沒安全感

插畫 © 楊晏誌

S olution

有色或霧面玻璃降低窺視感

小坪數空間很多都會用玻璃等材質做隔間，穿透感雖能讓空間放大，但也同時影響空間的隱私權，如何兼顧呢？可在玻璃隔間加上窗簾或是布縵，來解決問題。或者選擇透視度較低霧面玻璃或是玻璃磚等，也能兼顧到隱私及空間感。如書房與衛浴都用玻璃隔間，衛浴用綠色玻璃只透光不易看清內部。

圖片提供 © 奇逸空間設計

折來收去機能滿滿，實際上卻難用

NG 1 架高地板做招待客人的和室，一年用不到幾次

> 等下客人來可以到和室坐坐。

> 一年用不到三次，要用時還卡住不順。

插畫 © 楊晏誌

圖片提供 © 福研設計

S olution

開放式和室取代密閉房間用途更多

曾經流行一時的和室，能招待客人、作為起居室，關上拉門就是客房，看似用途多元，但若家裡不常接待客人，客廳與臥房的機能也完整，和室就容易變成閒置空間。若想在小坪數住宅規劃一個彈性空間，不妨以開放式架高地板設計非典型和室，與鄰近空間串聯使用，例如在客廳一角規劃兼具午睡臥榻、泡茶打牌、儲物的開放和室／臥榻，真正賦予該空間實用的角色。

PART

1

千萬要避免！最常見的小宅 NG 設計 ── POINT 5 折來收去機能滿滿，實際上卻難用

NG 2 配備全能住宅機關設計，沒在用導致五金損壞變不能用

> 才裝好不久，
> 打開掀床就變得好吃力，
> 是哪裡出了問題？

插畫 © 楊晏誌

S olution

機關設計只是手段，
目的是為了方便順手好用

小宅有巧妙的機關設計似乎很威，但畢竟
每個人生活習慣不同，是否能接受要用一
項機能就要拉來折去，或是根本用不到只
是覺得厲害新鮮。且機關設計通常要特殊
五金配合，少用缺乏保養會導致零件損壞，
久了反而變成無用之物，在規劃時要思考
自己是否真的會用到該項設計。如單身小
宅想要臥房客廳都能看電視，利用旋轉電
視牆讓一台電視輕輕一推就能雙邊收看，
常用才會覺得好用有價值。

圖片提供 © 奇逸空間設計

NG 3 想要收納增量做了機關設計，但沒考慮承重等設計細節

插畫 © 楊晏誌

圖片提供 © 大晴設計

S olution

想要增大收納量，
也要考慮使用的順手程度

有時候為了單一目的設計機關傢具，不見得經常使用，換個角度讓一件傢具有多重使用方式，可能是更實際的作法。如結合樓梯設計，規劃可多面使用、結合側拉式抽屜、層板的櫃體，並結合拉門將梯下角落規劃為儲藏室，同樣也讓收納量增加，操作上也不會費力麻煩。

PART

1

千萬要避免！最常見的小宅 NG 設計 ── POINT 5 折來收去機能滿滿，實際上卻難用

NG 4 想要餐桌兼書桌用，雜物 3C 佔滿桌面反而沒處吃飯用

> 想要餐桌兼書桌使用，結果吃飯還要把東西移開才有桌面使用。

插畫 © 楊晏誌

S olution

要共用需考慮
使用方式及尺寸

餐桌要兼做書桌，高度要在 75 至 80 公分之間，桌面也一定要夠寬夠大才好使用，或者連結中島延伸餐桌，或是 L 型大桌等設計，由於桌面不同時段會有不同用途，因此要結合收納設計，避免物品堆放桌面難以使用。現在 3C 設備多半有充電需求，也要考慮插座設計，用起來才便利。

攝影 ©Yvonne

攝影 ©Yvonne

Point 06 收納不恰當，東西堆放亂糟糟

NG 1 收納櫃集中一處，坪數雖小拿東西卻要折返跑

本來覺得設計櫃牆東西都收在一起好像很合理，實際使用卻非常不便。

插畫 © 楊晏誌

圖片提供 © 禾光室內裝修設計

S olution

依照物品使用區域設計收納

國外影集常見的大型更衣室，把衣服、鞋子、包包、配件等收在同一間，有如豪華精品展間，但這與台灣駐家普遍分裡外脫鞋的習慣大相逕庭，若將這些物品集中一處收納，可能會發生整裝出門前在家裡跑來跑去的情形。鞋櫃及書櫃規劃要依照習慣動線，鞋櫃最好在入門處，門後方的空間最適合。

PART

1

千萬要避免！最常見的小宅 NG 設計   POINT 6 收納不恰當，東西堆放亂糟糟

NG 2　櫃子做很多，但是東西擺上去就是顯得亂

> 當初有些櫃子做門片就好，東西全部都露出來好亂啊。

插畫 © 楊晏誌

S olution

同時規劃展示型和儲藏型收納

房子小更必須透過「整理」的功夫，賦予空間最大的機能，才能避免壓縮空間坪數。將玄關、客廳必須容納的收納機能，整合設計一面櫃牆，隱藏鞋櫃、書櫃、收納櫃，局部開放式櫃格作為陳列展示用，電視牆下方懸空設計還能收納玩具箱。

圖片提供 © 甘納設計

NG 3 做了大衣櫃，換季棉被還是沒地方收

> 花了錢做大衣櫃，結果還是收不進換季的厚棉被。

插畫 © 楊晏誌

攝影 ©Yvonne

Solution

善用過道、樑下、梯下、畸零地規劃收納

不是只有衣櫃才可以收納衣物，床下的空間或是床頭、樑下都可規劃收納，如墊高地板下方往下延伸 50 到 70 公分；床頭櫃掀開後，可用來收納換季衣物、棉被及行李箱等，而床頭樑下空間規劃衣櫃，同時能避開風水禁忌。相較於衣櫃，更衣室收納機能更強，運用過道或畸零空間就能規劃更衣室。臥房若太小，衣物收納不一定非得在臥房，夾層樓梯下方或過道也能做衣物收納櫃。

PART

1

千萬要避免！最常見的小宅 NG 設計 ---- POINT 6 收納不恰當，東西堆放亂糟糟

NG 4 量身訂作了很多收納，卻缺乏使用上的彈性

> 櫃子的層板是固定式的，新買的書籍物品反而放不進去。

插畫 © 楊晏誌

S olution

儲藏室搭配現成鐵架儲物超便利

家中難免會有一些季節性電器、囤貨的衛生紙日用消耗品、打掃工具等物品需要空間儲放，入住後也可能有新增的物品，如孩子出生後的嬰兒車、玩具等，要一件件量身訂做專屬它們的收納空間並不切實際，此時不如運用家中的角落規劃儲藏室，透過市售鐵架、層板等收納傢具，就能分門別類收好，門一關上依舊清爽整齊。

攝影 ©Yvonne

PART 2
想要的機能通通滿足！
一個空間多種用途

市區房價寸土寸金，好不容易買下的小坪數住宅卻苦惱空間不夠用，此時設計就是決勝關鍵！可往一個空間賦予多種用途思考，如客廳角落增設臥榻，搭配捲簾就能作為臨時客房；或是把隔間和收納櫃機能合一，設計雙面使用容量驚人；半高電視牆結合書桌設計，客廳也是書房。

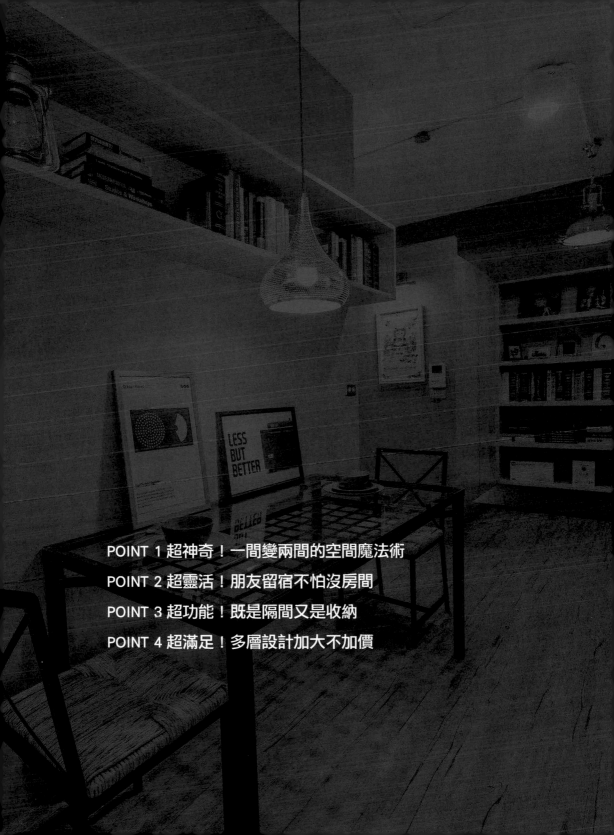

POINT 1 超神奇！一間變兩間的空間魔法術
POINT 2 超靈活！朋友留宿不怕沒房間
POINT 3 超功能！既是隔間又是收納
POINT 4 超滿足！多層設計加大不加價

超神奇！
一間變兩間的空間魔法術

01_ 住家同時也是工作室的 16 坪迷你居

屋主是室內設計師，期望在僅 16 坪的空間中平衡工作和生活。這間 40 年老公寓必須「擠」進所有生活夢想和需求，包括工作所需的會議與辦公空間，以及生活要有客廳、餐廚、衛浴及臥房等基本需求，還要有親友留宿的客房和收納儲藏室。將採光最好的區域留給「公領域」，並以旋轉門、透光的玻璃與輕柔的布簾等劃分出「私空間」，動線清楚分割出互不干擾的關係，讓生活與工作節奏分明。

People Data

屋主：chen & lin　坪數：16 坪
家庭成員：2 人＋3 隻狗
說讚好設計：餐桌與會議桌共用

01. **工作桌與餐桌共用的好生活**：會議區橫向規劃在採光較好的入口處，長桌連接流理檯與廚房設備，構成開放的餐廚區，白天工作時是會議洽談區，下班後就是屬於與家人共度的餐桌區。

圖片提供 © 甘納設計

動線
讚

圖片提供 © 甘納設計

02 **旋轉門自由調整動線：**旋轉門為空間增加更多可能性，平日辦公時打開就能感受戶外的日光，到了夜晚關上則將辦公區關閉，讓家的味道更顯現。

圖片提供 © 甘納設計

03 **空間雖小泡澡淋浴俱全：**身為設計者的屋主，重視一日工作後的生活品質，浴室雖然不大但該有的 淋浴、泡澡機能一樣不缺。

圖片提供 © 甘納設計

04 **拉上帷幕獨享私空間：**睡眠空間運用玻璃隔間保留視線上的穿透感，帷幕負責維護寢居隱私。

02_界定空間做的好，一房就能變兩房

原為1房1廳的小坪數住宅，設計師將原本的隔間牆拆除，改以磨砂玻璃拉門區隔客廳和主臥；書房和臥房的隔間，則用雙面櫃取代，讓空間形成兩房一廳的格局，這個櫃體除了用來界定空間，也讓兩個房間的機能更充足。書房中特別設計了結合雙層書櫃、衣櫃與穿衣鏡的多功能櫃體，不僅等於多了一個更衣間，亦使得空間利用更多元。

圖片提供 © 博森設計工程

People Data

屋主：Sandy　　　坪數：12.5 坪
家庭成員：1人
說讚好設計：隔間、收納

01. **清透材質淡化隔間牆的存在感**：會原本的隔間牆拆除之後，改使用頂天立地的無門框磨砂玻璃拉門為主，如此一來不僅淡化隔間牆的存在感，也讓臥房、客廳的空間放大、採光也變得良好。

機能讚

圖片提供 © 博森設計工程

02. **雙面使用創造絕佳空間效益**：以雙面使用的電視櫃兼展示櫃取代制式隔間牆，搭配可旋轉的電視，在主臥使用，就成為電視牆，轉向書房又能當成電腦螢幕用。

03 彈性隔間帶出不同空間感：拆除隔間牆改以磨砂玻璃拉門區隔，以客廳、主臥為例，僅10公分的差距，卻創造出截然不同空間感。

圖片提供 © 博森設計工程

圖片提供 © 博森設計工程

04 多層次櫃讓書房亦是更衣室：書桌對向設計了多層次的收納書櫃，並兼容衣櫃與穿衣鏡，讓看似單一功能的書房也具備了更衣室的機能。

圖片提供 © 博森設計工程

05 美感與實用兼具的設計：玄關入口處利用明鏡反射，藉此創造放大空間作用。另外，特殊噴深處理的鏡框，兼具穿衣鏡的效果，也使得虛實交錯的新古典語彙充滿設計感。

03_臥房增設書房,一個空間兩種機能

38 年的老厝有著長型格局的病灶,把空間一分為二的長牆,產生極為浪費空間的長廊走道,為使 18 坪的空間可以重新妥善利用,大刀闊斧拆除長牆,加上僅有夫妻倆人同住,不須擔心隔音問題,便以電視櫃結合臥室房門的輕隔間,使公私領域都能享有更充裕的空間。

People Data

屋主:傅先生、傅太太 　**坪數**:18 坪
家庭成員:夫妻
說讚好設計:隔間櫃設計

01 **深淺都有!電視櫃好好用**:電視櫃的左側雙開門櫃爭取部分衛浴的空間,深度 60 公分,右側開放式的層櫃則較淺,主要收納書本和各種傢飾品。

收納讚

圖片提供 © 爾聲空間設計

收納
讚

圖片提供 © 爾聲空間設計

02 **公私交接地帶，多元收納術：**臥室與客廳之間並無真實的牆面，僅以橫拉門和左右側的櫃體做為輕隔間，鋼琴側面更規劃 35 公分深的淺櫃，專門收納琴譜。

圖片提供 © 爾聲空間設計

圖片提供 © 爾聲空間設計

03 **秘密通道，互通琴曲愛語 ：**主臥設有男主人的閱讀區，書桌旁的書櫃實為穿透式的雙面櫃，不僅可雙面用，當女主人在房外練琴時，也能讓悠揚的樂曲與男主人相伴，甚至相互對話。

04_二進式主臥區分公私空間，使用彈性佳

原屋格局客廳過大，浴室太小及廚房不知如何規劃，設計師重劃格局解決屋主的煩惱：入門處玄關櫃，增加收納空間也定位廚房，連結吧檯的設計，創造用餐空間。原方正浴室調整為狹長型並連主臥更衣室，入口改成三動線，一邊從廚房旁進入，客人再也不用進主臥使用浴室，一邊由更衣室進入，另一邊則從主臥進入。以雙開門做為客廳與主臥的隔間，成為雙進式主臥，公私分明，使用更具彈性。

┌─ **People Data** ──────────
│ **屋主**：林先生　　**坪數**：16 坪
│ **家庭成員**：1人
│ **說讚好設計**：格局
└──────────────

01. **彈性隔間讓房間使用更靈活**：將原來兩房合併，並延伸走道，成為二進式主臥，先進書房再進入主臥，如此書房既可獨立使用，也可成為主臥專用。

圖片提供 © 將作空間設計＆張成一建築師事務所

圖片提供 © 將作空間設計＆張成一建築師事務所

03.

三動線設計讓空間更自由：將原本方正的衛浴調整成狹長型並連結主臥更衣室，規劃成三動線設計，可分別從廚房、更衣室及主臥進入。

圖片提供 © 將作空間設計＆張成一建築師事務所

02. **兼具採光與收納的隔間設計：**客廳與書房用玻璃做為隔間，並結合木作層板及矮櫃，用來收納視聽設備及展示蒐藏品，玻璃的穿透感，讓光進入書房也放大了空間感。

機能
讚

04. **櫃設計串連空間關係：**入門玄關規劃了落地櫃做為玄關收納，而櫃體同時也成為廚房與玄關之間的隔間，開放式廚房延伸吧檯，既可保持空間通透，讓廚房也是用餐區。

圖片提供 © 將作空間設計＆張成一建築師事務所

Point 02 超靈活！
朋友留宿不怕沒房間

01_ 超自由彈性隔間，空間運用自如

屋主是一對即將退休的夫妻，懂得生活的他們決定從城市出走，轉而移居步調緩慢的淡水。因為平時只有夫妻兩人居住，於是在設計師建議下，連臥室都採用半開放的設計，假如有朋友來訪甚至留宿，可坐可臥的架高地板區寬敞極了，睡上十來個人也不成問題，也因為空間全開放的無拘無束，屋主笑説：每天的慢活日子好舒服。

People Data

屋主：退休人士	坪數：18 坪
家庭成員：夫妻	
說讚好設計：格局	

01. 多功能臥榻：兩扇大窗前的空間以木地板架高，搭配電視半牆象徵性界定，架高區規劃為多功能休憩區，就算招待多位親友留宿也沒問題。

圖片提供 © 蟲點子創意設計 X 室內設計

02 集中儲物管理：為了給屋主最開闊的空間感，設計師利用玄關進門處設置連續收納櫃，櫃間鑲嵌局部鏡面反射光影，並將浴室入口巧妙隱藏櫃體之間。

圖片提供 © 蟲點子創意設計 Ｘ 室內設計

03 浪漫迷你藝廊：燈光就像是空間化妝師，在深淺有致的聚焦光下，牆面高低起伏的層架簡潔俐落，架上可隨意擺放屋主收藏的框畫或小品，儼然精緻的迷你藝廊。

圖片提供 © 蟲點子創意設計 Ｘ 室內設計

機能
讚

04. 日式寢臥區：跳脫一般臥房形態，運用白文化石砌作的電視半牆，象徵性界定由木地板架高而成的睡眠區，休憩時只需從一旁櫃內搬出臥鋪，不用時收起立刻乾淨淨。

圖片提供 © 蟲點子創意設計 Ｘ 室內設計

02_定義格局不設限，小資女的百變精品宅

一房一廳一衛的住宅，設計師以開闊的格局，搭配玄關具穿透感，刻意留白的鐵件、木作隔屏，以及巧妙而多層次的傢具安排，界定出玄關、客廳、書房與寢居空間，再運用如一道牆體的隔間拉門，區隔出包含大型泡澡浴缸的寬敞衛浴，且利用盥洗檯前的大片鏡面反射，讓空間有放大的效果。

People Data

屋主：小資女　　坪數：8 坪
家庭成員：1 人
說讚好設計：格局

圖片提供 © 森境＆王俊宏室內裝修設計工程

01.　**臨窗沙發區也能兼臥榻：**量身訂製的書桌結合書櫃設計，同時兼具餐桌機能，沙發也延伸為餐椅的一部分，沙發長度夠也可充作休息的臥榻。

02.

玄關隔屏區分裡外：以鐵件、木皮材質呼應整體空間調性，刻意不做到滿，上、下皆留白的玄關隔屏，不僅化解風水禁忌，讓空間有內外之分，又不會造成壓迫感。

圖片提供 © 森境&王俊宏室內裝修設計工程

機能讚

圖片提供 © 森境&王俊宏室內裝修設計工程

圖片提供 © 森境&王俊宏室內裝修設計工程

03.

木皮拉門隱藏櫃體及衛浴：大型軌道式木作拉門，不僅是客廳電視牆，也是收納門片；衛浴隔間，也以相同手法規劃軌道式拉門，並加入窄長的玻璃引光入室，讓出入口也是隔間牆。

03_姊妹淘來訪也住得下的全能迷你宅

經濟獨立又有品味的都會女子，期待自己的小窩充滿清新典雅又簡約時尚的古典美式風格，雖然坪數很小，但在主臥外一定要有更衣室，才能放得下女生永遠都少一件的衣服；而且還要有客房，如果有姐妹淘來訪，才可以留宿。設計師利用夾層的高低差將空間區分成三段，完全發揮挑高的優勢，以錯落的安排方式，讓每一段都有足夠的高度，而且生活動線流暢。以簡約的線板勾勒重點設計，取代傳統古典繁複的裝飾，讓小空間有著輕盈而豐富的表情。

People Data

屋主：Windy　　**坪數**：12 坪
家庭成員：1 人
說讚好設計：格局

01. **端景牆巧妙化解困擾**：入口正好面對廚房流理檯，設計師加了一道與電視櫃相同的線板端景牆，與吧檯結合設計，不但修飾風水忌諱且引入採光。

圖片提供 © 綺寓空間設計

02. **巧思營造住的趣味**：住得小，更要住得巧，主臥房門開啟時，與客房的牆面，形成一實一虛的對映，讓上下樓梯也多了趣味。

圖片提供 © 綺寓空間設計

圖片提供 © 綺寓空間設計

03.

主臥增設屋主夢想的更衣間 ：主臥利用床的後方爭取設置更衣間，讓生活機能更為完備，滿足女主人的小夢想。

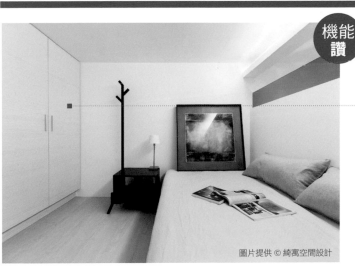

機能讚

04. **客房增加平日收納機能** ：夾層下方是主臥，上方則是結合了休憩與收納的實用客房，空間使用十分靈活彈性，不但將有限坪效放到最大，也沒有侷促低矮的感受。

圖片提供 © 綺寓空間設計

04_開放式設計贏得生活便利最大值

挑高 3.4 米的小坪數住宅，擁有三面採光還有絕佳的視野，屋主希望先天優勢要保留之外，還要將挑高特性發揮出來。主臥設於一樓，使用起來舒適且不壓迫，約 3 坪的上層空間，可彈性運用做為書房或簡易起居室，有親友來訪時也能作為客房。收納機能全數移往夾層，僅在一樓設置少數立櫃、矮櫃方便使用。浴室打掉實牆隔間，以白膜玻璃取代，讓光能進入室內。

People Data

屋主：Ann　　坪數：14 坪
家庭成員：1 人
說讚好設計：格局

質感讚

圖片提供 © 杰瑪室內設計

01.

自然素材帶出空間調性：樓梯隔間以鐵件吊掛手法呈現，浴室則是打掉實牆隔間，以白膜玻璃取代，成功保留了絕佳的採光性與穿透性。

02.

預留使用彈性的上層空間：上層規劃了大量的置物空間，屬性主要作為書房，若有親友來也能成為簡易的客房。

圖片提供 © 杰瑪室內設計

機能讚

03

樓梯裡有書桌還有櫃體：為使樓梯機能更多元，設計時加入書桌與櫃體，高度配置都有考量樓梯板位置，使用起來便利舒適。

圖片提供 © 杰瑪室內設計

04.

活動拉窗化解風水問題：主臥床頭牆特別以橡木設置活動式拉窗，既可化解床頭窗戶的風水禁忌，採光的優勢性也不受影響。

圖片提供 © 杰瑪室內設計

05_ 一物多用機能充裕的強大小宅

買下這間小套房給就讀大學的女兒，希望賦予空間齊備的各生活機能。考慮進出之際會脫換鞋子、擱放包包，設計師將廚房從入口處往後移，改設穿鞋椅與衣帽櫃、鞋櫃，全室以量身訂做的木作及傢具，充分發揮坪效；用地板高低差來界定各區的設計，也保留了雙面採光的優勢。善用櫃體收納衣物、家電，就能輕鬆維持居家整潔。

People Data

屋主：大學生	**坪數**：12 坪
家庭成員：1人	
說讚好設計：格局	

01.

沙發也是臥鋪的延伸：沙發墊的高度與臥鋪相同，折下活動式靠背，就能和臥鋪連成一張大床。

圖片提供◎森境＆王俊宏室內裝修設計工程

圖片提供 © 森境＆王俊宏室內裝修設計工程

02. **化零為整同時界定空間：**利用地板高低差、天花造型與傢具，暗示空間屬性，並將收納整合設計，只看到俐落的木質櫃體，看不到雜物。

機能讚

圖片提供 © 森境＆王俊宏室內裝修設計工程

圖片提供 © 森境＆王俊宏室內裝修設計工程

03. **機能滿點的餐廚和書房：**落地木作櫃收納了冰箱、各式廚房家電及雜糧櫃，底部設有冰箱專用的透氣孔。木做櫃延伸層板收納區與一旁的書桌連結，小宅也有完整餐廚'書房的機能。

超功能！
既是隔間又是收納

01_系統櫃體當隔間創造豐富收納

屋主是年輕上班族夫妻，希望能在有限的預算之內，擁有充足的收納空間以及嚮往清爽舒適的北歐風居家。設計師運用系統櫃跳色搭配，結合局部以木作線板、色塊鋪陳，讓這些收納櫃體有如木作般的質感，也由於採用櫃體當隔間、懸浮式設計等手法，讓小住宅獲得豐富的實用收納，卻也一點都不感到壓迫。

People Data

屋主：大仁哥　　**坪數：**16 坪
家庭成員：夫妻 +1 小孩
說讚好設計：櫃體

收納讚

01. **櫃體當隔間增加收納：**為小廚房增設 200 公分的吧檯，擴充吊櫃、電器櫃等收納機能，同時也成為沙發背牆。吊櫃最側邊運用開放式層架設計，化解視覺壓迫及淡化櫃體厚重感。

圖片提供 © 法藝設計

圖片提供 © 法藝設計

02. **系統櫃跳色滿足收納與美感：**餐廳櫃體同樣運用系統櫃做深淺木紋跳色搭配，兼具實用收納與生活美感，同時又能精準掌握裝潢費用分配。

圖片提供 © 法藝設計

03 **跳色櫃體設計豐富空間層次：**結合展示、收納等用途的電視櫃，以純白色搭配木材質，主牆則刷飾較為沉穩的藍色調，避免視覺過於雜亂。

圖片提供 © 法藝設計

04 **鞋櫃隔間讓空間更彈性：**玄關、餐廳之間利用頂天地立鞋櫃做為隔間，日後增加拉門就能變成書房使用。

圖片提供 © 法藝設計

05 **櫃體修正斜角創造收納：**臥房床頭處面臨大斜角的不規則結構，巧妙利用系統櫃體修飾格局，也增加床頭後方的儲藏空間及梳妝檯機能。

02_空間重疊使用機能相互並存

這是個僅 7 坪大的空間，除了是住宅還兼具度假屋功能，為了保有多用途設計，及境國際有限公司設計師許維庭保留原本湯屋、衛浴、廚房等位置，其餘則整併作為起居室之用。她試圖承襲日本一室多用的概念，輔以升降桌設計，讓和室空間擁有更多使用彈性，這不只是客廳，還可以當臥房使用，甚至下方還可以結合一些收納機能，另外，空間中的置物功能也做得相當輕巧，採獨立櫃體外還有的則是以層板展現，讓收納與設計能相互融合，更重要的是還帶出一種無束縛的空間感受。

— People Data —

屋主：吉田　　坪數：7 坪
家庭成員：4 人
說讚好設計：客廳、湯屋

01. **內嵌式設計把機能通通藏進去**：由於空間坪數不大，因此設計師將地板架高，再輔以內嵌式設計，不僅將具升降功能的桌子隱藏其中，就連下方也兼具置物功能。

圖片提供 © 及境國際有限公司

機能讚

圖片提供 © 及境國際有限公司

02. **重疊手法展現空間的使用多樣性**：為了保有空間使用的多樣性，計師將日本一室多用的概念注入其中，由於功能藏於底部，立起即變身為客廳，而當全數收起時，則變為一間完整的臥室。

03 **適度設立櫃體清楚畫分空間：** 玄關處配有簡單的一字型廚房，讓這兩個空間以重疊方式相互並存；再往內則先立了一道立體櫃體，彷彿宣告進入室內客廳處，將小環境界定清楚，也提供另一種收納機能。

圖片提供 © 及境國際有限公司

圖片提供 © 及境國際有限公司

圖片提供 © 及境國際有限公司

04 **透光材質創造空間明亮效果：** 基於小坪數關係，設計者特別在拉門加入透光材質，另一旁的湯屋也特別使用玻璃門作為區隔，光線能夠穿透至室內，簡潔、透光效果，給人以寬敞明亮的感覺。

03_以收納櫃化解格局的不便

　　儘管坪數僅 14 坪，然而設計師透過縝密的格局規劃，讓父母與孩子各有獨立的空間，同時也建構出了小家庭最基礎的生活樣貌。兩個臥房的規劃，設計師運用主臥樑下空間設計了衣櫃及床頭櫃、化妝檯，一舉解決建築結構的疑難與機能性需求；小孩房則以雙面櫃取代隔間牆，除滿足玄關與小孩房的收納機能，亦讓空間效率更為提升，將小坪數的效益發揮到極致。

People Data

屋主：洪小姐　　**坪數：**14 坪
家庭成員：夫妻 +1 小孩
說讚好設計：櫃體設計

圖片提供 © 築悅空間設計

收納讚

01 **善用樑下規劃收納空間：**主臥考量到床鋪擺放位置以及原有空間結構問題，設計師在窗戶的樑下規劃床頭收納櫃與化妝檯，一舉解決收納需求與床頭壓樑的問題。

02 **收納櫃的高效率方案：**小孩房的位置與玄關相鄰，設計師將原有的隔間拆除，改以櫃體替代牆面，這樣的設計不僅能爭取不同空間的收納機能，也讓空間使用更具效率。

圖片提供 © 築悅空間設計

圖片提供 © 築悅空間設計

圖片提供 © 築悅空間設計

03

開放式設計讓空間感放到最大：
設計師利用電視牆作為客廳與廚房的隔牆，並於牆面側邊嵌入餐桌，開放式的餐廳設計因此成為兩個空間的中介，也讓空間感更為開放寬敞。

04_ 是走道也是餐廳，還是展示收納區

買下 15 坪的小宅，從事教育工作的李小姐接來媽媽同住，由於媽媽習慣自己作飯，廚房、餐廳是絕對需要，因為工作關係擁有很多書籍，收納也是不可少的，可是室內空間有限要如何滿足李小姐的需求呢？設計師將機能整併，讓空間不只有單一功能，同時不浪費不絲一毫空間，完全滿足了李小姐和媽媽的需求。

People Data

屋主：陳小姐　　**坪數：**15 坪

家庭成員：母、子

說讚好設計：走道

機能讚

圖片提供 © 維度空間設計

01

過道變身餐廳：從客廳到廚房有長走道，既擺不了傢具又浪費空間，設計師索性將走道擴大，退縮了臥房的隔間，於是加寬的走道就成了餐廳。

02.
既可收納也可展示的牆面：加寬的走道也別浪費了牆面，設計師利用牆面規劃了展示收納櫃，用來收納李小姐的書籍及蒐藏，完全不浪費空間。

圖片提供 © 維度空間設計

03.
移動餐桌客人再多也不怕：由於只有李小姐和媽媽同住，平時把餐桌靠牆讓出通道，若有客人就拉出餐桌，再多朋友來家裡吃飯也不怕。

圖片提供 © 維度空間設計

圖片提供 © 維度空間設計

04.
走道末端也要好好用：除了把走道變成餐廳，又利用牆面做展示櫃外，連走道末端，設計師也設計了書櫃，每寸空間都充分運用。

05_收納櫃兼具隔間牆機能

顏先生與顏太太居住在 10 坪的微型家屋裡，希望享有簡約自然的生活態度，同時賦予實用的領域機能，設計師特別以白色、原木質感佈置空間，伴隨落地窗的採光優勢，讓空間更顯自在、清透；運用挑高的格局，讓收納櫃體兼具隔間功能，搭配一座移動式的爬梯，讓屋主可以垂直移動，且眺望戶外的宜人風景。

People Data

屋主：顏先生　　**坪數：**10 坪
家庭成員：夫妻
說讚好設計：櫃設計

01.

設計一座移動式爬梯：在有限坪數、挑高的空間裡，利用爬梯的設計，讓屋主隨時可垂直移動，乘坐在櫃體上方，可享受愜意的午後時光。

機能讚

圖片提供 © 演譯設計

圖片提供 © 馥閣設計

02 **餐廚領域自然劃分：**收納櫃擁有隔間牆功能，讓餐、廚領域分明，櫃體無置頂並搭配升降餐桌，靈活的設計讓空間更顯流動、彈性。

圖片提供 © 馥閣設計

03

讓自然生命力隨窗引入：白色與木紋鋪敘簡約、乾淨的衛浴空間，窗戶引入陽台一隅風景，與空間裡的綠意植栽相互呼應，內外皆景。

06_貓咪也愛的多機能個性窩

　　為了解決現代住宅坪數小、居住者需求期望卻相對多的窘境，設計師慢慢發展出一套「機能複合、空間重疊運用」的心法邏輯，好比這個案子裡，客廳沙發後靠即是中島銜接長餐桌形成的機能軸線，就空間屬性來看，這樣的設計，等於讓這條軸線同時滿足隔間、料理、用餐、閱讀、收納等多重目的，幾乎除了睡覺外的所有居家活動，都可以在這裡開心進行。

People Data

屋主：Roger　　**坪數**：20 坪
家庭成員：2 人＋1 貓
說讚好設計：客餐廳、貓別墅

圖片提供 © 蟲點子創意設計 X 室內設計

01.　**中島餐桌劃分客廳與餐廚**：由靠近陽台的白色高櫃、特製中島和木質長桌，設計師將近九成以上的生活機能整合於此，這條軸線也是劃分客廳與餐廚兩區的軟性介質。

圖片提供 © 蟲點子創意設計 X 室內設計

02.

仿立柱高櫃界定內外：這座仿立柱的白色高櫃兼具收納與隔間目的，左側延伸的木質檯面除可作穿鞋椅，也是展示平台，吸引視線穿過高櫃兩側向後延伸。

收納
讚

圖片提供 © 蟲點子創意設計 X 室內設計

03.

手作貓屋好精緻：設計師在公領域一角結合清新木質與精湛的手作工藝，為屋主數隻愛喵精心打造一座大型貓咪專用別墅，奠定與喵星人親密的同居模式。

圖片提供 © 蟲點子創意設計 X 室內設計

04.

床邊小櫃內藏玄機：一般床邊會擺設的傢具不外床邊櫃，然而設計師的巧思不光是床邊櫃而已，延伸的檯面可用來梳妝或閱讀，同時還有多個暗櫃拉抽可供小物收納。

超滿足！多層設計加大不加價

01_牆面整合樓梯動線滿足收納

雖然平日僅有姊妹倆同住，但還希望能具備三房讓長輩探視時居住，設計師利用複合式夾層屋的格局，將挑高4米2的部分規劃出二樓臥房，一樓則作為客餐廳與長輩房，並利用格局與機能搭配美型櫃體，形成一牆多用，或包覆或結合的巧妙配置櫃體，將樑柱形成的畸零區全都化解，電視牆的設備櫃後方就是長輩房衣櫃，平時也可以充當儲藏，讓姊妹倆的雜物收得乾淨俐落。

People Data

屋主：陳小姐	坪數：21坪
家庭成員：姊妹	
說讚好設計：樓梯	

圖片提供 © 耀昀創意設計

01. **溫潤材質提升空間溫度：**將挑高3米區域規劃為公共廳區，保留單向採光，也盡可能挑選簡單白淨的溫潤材質提升空間溫度，創造自然清新的空間氛圍。

圖片提供 © 耀昀創意設計

02. **30公分櫃體輕鬆收納鞋物：**為解決出入收納的問題，入門右手邊設置吊櫃，不僅能擺放鑰匙和鞋子，高低大小的造型也讓視覺上增加聚焦端景，使得玄關隱然成型。

動線
讚

圖片提供 © 耀昀創意設計

03

分段運用的靈活櫃設計：
藉由貫穿房子的大樑高低
差劃分前後空間，再利用
採光處以樓梯界定左右，
形成前半客廳主牆與簡單
櫥櫃，後半則作長輩房衣
櫃用。

圖片提供 © 成時創意設計

04

溫暖材質打造清新北歐：一字型的開
放廳區，以色調輕淺的超耐磨木地板、
純白文化石與跳色軟件等材質與色調
放大空間、創造寬敞視野。

圖片提供 © 耀昀創意設計

05

木質基調增添空間暖度：臥房規劃
於二樓，沿著窗邊整合書桌與收納
機能，並利用木質色調讓空間呈現
溫暖舒適的氛圍。

02_ 多功能木作滿足單身族的自在生活

　　單身的屋主 shawn 有一隻貓作伴，平時下班回到家除了看看電視、上上網之外，還有騎腳踏車、攝影等嗜好。面對小坪數空間、預算又有限制的條件，設計師捨棄制式牆面隔間，而是用一座大型木作，採取分區不隔間概念界定區域，並滿足屋主生活需求。原本的兩房拆除後，迎來的是明亮的採光與環狀動線，而在大型木作傢具中，結合了沙發、閱讀工作區與睡眠空間，讓屋主有超過 14 坪的生活質感。

People Data

屋主：shawn	坪數：14 坪
家庭成員：1 人＋1 隻貓	
說讚好設計：木作傢具	

空間讚

圖片提供 © 鄭士傑設計

01. **格局重整公領域明亮十足**：將空間視為一個整體，以木作為中心並賦予機能，就像一把瑞士刀展開不同區域功能，而生活動線也圍繞著此木作島嶼展開。

圖片提供 © 鄭士傑設計

白色與木作讓空間明亮俐落： 整體空間為了呈現簡約明亮，在拆除隔間後成了一大場域，運用全白色中間的深色木座島嶼為主要色調，讓空間感更俐落。

機能讚

圖片提供 © 鄭士傑設計

圖片提供 © 鄭士傑設計

沙發背增設書櫃收納藏書： 木作島嶼除了沙發外，後方還有讓屋主工作閱讀的角落，並運用沙發背的高度加入書櫃，解決了屋主的收納問題。

隱藏衣櫃，木作島嶼利用滿分： 閱讀區的隔壁即是寢居場域，融入了衣櫃設計，將此作木作島嶼做了百分百的利用。

063

03_ 微幅調整讓小空間有多種運用

一個人住的 16 坪空間，因狹長不規則的屋型，加上格局設計不良導致動線混亂。設計師將廚房從浴室門口位移至客廳緊鄰主臥的角落，擴大原浴室並改為乾濕分離的二進式大衛浴，輔以大面玻璃拉門串連旁邊的書房，形成完整的面；位移後的廚房，則以小 L 型廚具強化使用機能，考量景觀的優勢，設計兼具座椅的臥榻，結合造型餐桌，讓餐廳可多元運用。

People Data

屋主：Apple　　**坪數**：15.5 坪
家庭成員：1 人
說讚好設計：臥榻與書房區

機能讚

圖片提供 © 奇逸空間設計

01.

兼具臥榻及沙發功能的餐椅：設計師設計了兼具臥榻及沙發功能的餐椅，及由鐵件組成的造型餐桌，串連開放式客廳，兼顧了空間及設計感。

02. 以沙發界定客、餐廳屬性：客廳讓出部分空間給主臥，以 3 人沙發介定空間，連結開放式餐廳，雖是狹長不規則格局，但因側邊採光充足且空間又開放，放大了小宅的空間感。

圖片提供 © 奇逸空間設計

圖片提供 © 奇逸空間設計

圖片提供 © 奇逸空間設計

03. 以玻璃作隔間延伸空間感：主臥維持原地不動，隔間往客廳延伸，擴大空間並局部用玻璃隔間維持穿透感，主臥進入後陽台的過道，則規劃為小更衣室。

04. 打造乾濕分離的衛浴空間：將廚房位移後，原空間連結衛浴並使其擴大，輔以玻璃隔間及玻璃拉門區隔洗手檯、馬桶與浴缸、淋浴區，形成乾濕分離的浴室。

04_以閣樓概念整合空間機能

為了在有限坪數內，完整而有邏輯的放置所有生活動線與收納機能，設計師以出入動線為分割軸心，將空間左右二分為公私領域，其中，私領域部分為滿足女屋主的大量衣物與日常收納需求，結合屋主身形、樓高限制及空間坪效等考量因素，跳脫平面空間限制，導入閣樓概念將床垂直向上架高，下方作為更衣室及儲藏間，空間的疊加既能保有完整機能，同時也釋放出更寬裕的公共空間。

People Data

屋主：張小姐	**坪數**：9 坪
家庭成員：1 人	
說讚好設計：臥房設計	

空間讚

圖片提供＝大名 空間研究室

01.

架高臥鋪，創造完整更衣儲藏空間：考量到屋主的身形與樓高限制，設計師在臥房區域導入閣樓概念，將床垂直向上架高，並將下方作為更衣室及儲藏間。

圖片提供 © 謐空間研究室

02. **內嵌式設計讓空間立面更簡潔：**為了讓垂直的複合式空間整合更加俐落，臥鋪採下凹的內嵌式設計，讓床緣立面邊線得以收得更加乾淨簡潔。

圖片提供 © 謐空間研究室

03. **功能疊加釋放其餘空間坪效：**
設計師在有限坪數內，透過拉伸空間的垂直面向，將私領域的空間功能相互疊加，等於釋放出更寬裕的公共空間，極大化空間坪效。

05_ 機能隱藏於無形，讓小宅更實用

平時只有屋主一人居住，因此拆除其中一房，室內採取全開放式格局設計，一來使用為更為舒適，二來也便於教會兄弟姊妹們前來家中聚會分享。在收納上除了考量大容量置物外，也融入多元機能，像是壁爐電視牆下方便是 3C 櫃體、書櫃中段加入掀板式書桌，亦提供寫字桌功能。另外，考慮屋主有下廚習慣，特別在增設廚房，再從廚房檯面規劃出一張小巧餐桌，作為簡便用餐區。

People Data

屋主：Cindy　　　**坪數**：15 坪
家庭成員：1 人
說讚好設計：櫃體、客廳、書房、廚房

機能
讚

圖片提供 © 摩登雅舍室內設計

02.

隱形收納容量超乎想像：利用 4 面同款的木作線板設計，讓櫃門與隔間板連成一氣，隱藏其後的雜物櫃和小型更衣室；沙發和床鋪下方亦結合收納設計，給予大量收納，卻藏於無形。

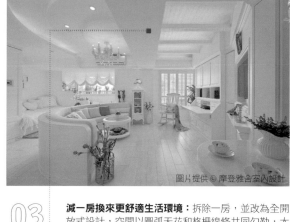

02

仿壁爐電視牆隱藏多元機能：
美式壁爐概念帶出電視牆，下方製成櫃體形式，化身為居家重要的 3C 收納櫃；另一旁的書櫃中段則加入掀板式書桌，兼顧實用機能與美感設計。

圖片提供 © 摩登雅舍室內設計

圖片提供 © 摩登雅舍室內設計

03

減一房換來更舒適生活環境：拆除一房，並改為全開放式設計，空間以圓弧天花和格柵線條共同勾勒，大幅減緩大樑為視覺造成的壓迫感，亦增添造型變化。

04

衛浴內的機能設計也很精彩：衛浴內以 4 色馬賽克磚拼貼製成牆面，創造出彷彿國外教堂的彩繪玻璃裝飾的效果；而馬桶前方特別加設收闔式小桌，方便閱讀使用。

圖片提供 © 摩登雅舍室內設計

06_ 人見人愛的時尚小城堡

挑高的房型一向很受消費者喜愛，除了享受可以仰望的快感，充裕的立體高度也能擴充可用的室內地坪面積，為居住者創造更豐富的機能內容。以這座實際佔地才 12 坪的小宅為例，設計師重新規劃室內夾層面積與形式，在動線上進行全面的精簡與流暢化，這麼有限的空間條件，最後卻能擁有遊刃有餘的 3 房 2 廳，簡直不可思議！

People Data

屋主：Alan　　**坪數**：12 坪
家庭成員：夫妻
說讚好設計：動線

圖片提供 © 蟲點子創意設計 X 室內設計

01.

重點色讓空間更立體：餐廳兼書房處的一面牆，刷上冷靜又有活力的藍色系，在視覺上有層次感，也具標示空間屬性、增添風格張力的積極意義。

圖片提供 © 蟲點子創意設計 X 室內設計

機能讚

02.

樓梯首階也是坐榻：線條極簡的室內梯賞心悅目，設計師並將電視半牆與刻意加大面積的樓梯首階一併整合，除了行走便利外，也能當作展示區或坐榻。

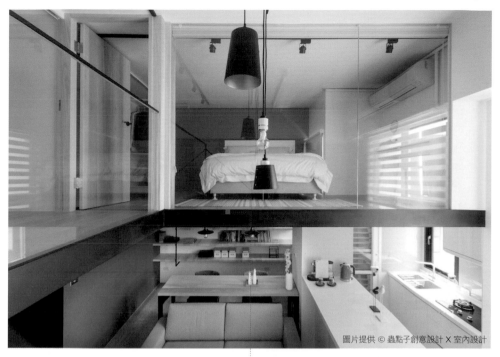

圖片提供 © 蟲點子創意設計 X 室內設計

03

分層劃定公私領域：樓下是複合規劃的客廳、廚房、餐廳兼工作書房等公領域，完全貼合屋主夫妻的生活形態，樓上則安排玻璃隔間搭配捲簾的主臥。

圖片提供 © 蟲點子創意設計 X 室內設計

04

一房變兩房，空間好彈性：上層主臥往內，利用柔軟的遮光布幔隔出一間更衣室，平時敞開來可讓視線自由舒展，必要時拉上布幔就還原成獨立一房。

PART 3
坪數小也能有空曠感！
房子變大又變寬

小宅有時會為了看起來超值好用，而做了過多的隔間，像是 16 坪隔兩房，使原本就不大的空間變得更為零碎，不僅遮擋住陽光，住起來也舒適。不如適當拆除隔間，坪數獲得釋放並合併使用，維持空間的完整性。建議將室內分成公共區和私密區思考，適度運用隔間遮蔽臥寢私密區，公共區則有效整合機能，讓動線順暢、公私分明。

POINT 1 不只空間變大，打開門也不用擔心看光光！

POINT 2 一房變兩房，空間還這麼寬敞！

POINT 3 小房也能擁有豪宅設備，空間感還不打折！

POINT 4 一層變兩層，不但不壓迫還變大！

不只空間變大，
打開門也不用擔心看光光！

01_ 斜面拉出公私領域，老屋變身北歐清爽宅

屋主 Steven 希望一改這間 30 年老屋陰暗動線凌亂的模樣，讓公私領域清楚，動線流暢。設計師運用斜角隔間牆，拉出公領域與私領域的動線外，拆去較小房間的 L 隔間，從次臥門口至客廳拉出一斜面牆，使公共空間更開闊，並以隱形門的形式結合主臥和衛浴的門，讓靠牆的餐廳區更加安定，不再面對複雜的房門口。衛浴牆面和斜角牆面之間形成的梯形空間，分別作為餐廳面的開放式櫃體，及主臥內的儲藏間，老屋煥然一新。

People Data

屋主：Steven　**坪數**：20.5 坪
家庭成員：2 人
說讚好設計：斜角隔間牆

01. **對稱柱體＋低矮電視櫃，拉高天花板**：入門後靠近前陽台的對稱柱體成為電視牆最佳位置，以低矮電視櫃和咖啡色牆面與柱體，與白色空間形成對比，讓 2 米 2 天花板看起來更高。

圖片提供 © 禾光室內裝修設計有限公司

圖片提供 © 禾光室內裝修設計有限公司

02. **單一材質創造空間清爽：**餐廳面的開放式櫃體以及主臥內可用的儲藏間，整合色系與材質讓整個餐廳區域更為清爽。

機能讚

圖片提供 © 木光室內裝修設計有限公司

03. **利用柱面延伸吧檯，廚房開放更有彈性：**將原本通往廚房的門開放，利用柱體位置增設中島吧檯，讓廚房和多功能區域能相互串連，若想要隔離油煙，拉上輕隔間摺門即可。

04.

馬桶轉向不對床，考慮樑位加大公共衛浴：主臥衛浴因樑柱阻礙狹小難用，亦有馬桶對床問題，衡量之下便將馬桶轉向，改為拉門節省空間，並退讓給公共衛浴部分空間，使其機能更完備。

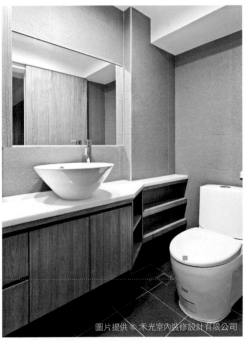

圖片提供 © 禾光室內裝修設計有限公司

02_ 傢具隔間創造機能與開闊效果

現行格局已符合屋主需求，不需要再大動格局，因此設計者以傢具當作隔間，像是餐廳部分以簡單的倒 L 型桌面搭配高腳椅，營造出從容的用餐空間；另外，從玄關一路延伸至室內的櫃體，從鞋櫃到餐櫃，再以書櫃連結書桌，藉由櫃體的配置與設計，創造不同的機能空間機能，同時也做到讓客廳中有一隅開放式書房。

People Data

屋主：羅先生　　坪數：16 坪
家庭成員：1 人
說讚好設計：開放書房及臥房

空間讚

01.

櫃體設計延伸空間機能： 從玄關沿著立面設計的櫃體，藉由不同比例配置與設計，提供居住者擺放蒐藏物件、創造出展示機能，同時也讓玄關與客廳的空間更具延續性。

圖片提供 © 禾光室內裝修設計有限公司

圖片提供 © 禾光室內裝修設計有限公司

02 **書櫃結合書桌增設開放式書房：** 設計師運用櫃體的形式變化，創造「空間生空間」的效果，利用書桌結合書櫃的設計，讓客廳融入書房機能。

圖片提供 © 禾光室內裝修設計有限公司

以吧檯式餐桌區隔空間：餐廳設計結合
吧檯概念，以簡單的倒 L 型桌面搭配高
腳椅、Random Light 的線球吊燈，為
居住空間創造出另一番景色。

圖片提供 © 禾光室內裝修設計有限公司

04　**弧型天花創造延伸效果：**臥房藉由弧型的天花板設計做表現，圓弧
線條具延伸效果，設計師搭配洗牆燈營造舒適的休閒氛圍，有助於
提升睡眠品質。

03_雙動線設計空間流暢更寬敞

屋主希望居家藉由格局調整，放大採光優勢，也能有自由的空間感。設計師堅持不做多餘隔間的概念，透過傢具的設計及建材的選配劃分空間，臥房與閱讀區融為一體，書櫃的設計滿足書籍收納量，而沙發位置也界定了兩個空間，計師挪動了衛浴空間的位置，藉由過道的融入，讓浴室成為房間的一部分，而衣櫃除了收納機能，也是動線的界定線。

People Data

屋主：Ann	坪數：12 坪
家庭成員：2 人	
說讚好設計：書房、吧檯	

空間讚

01.

櫃體隔間增加收納機能：由於屋主有藏書收納需求，設計師用書櫃作為臥房與更衣室隔間，同時也善用書桌下方及各空間交界處的立面設計書櫃，提高收納量。

圖片提供 © 將作空間設計&張成一建築師事務所

圖片提供 © 將作空間設計&張成一建築師事務所

02.

傢具及吧檯界空間屬性：由於室內坪數不大加上僅單面採光，設計師減少固定隔間，廚房與臥房用吧檯界定，在藉由傢具擺設，讓空間屬性更為明確。

圖片提供 © 將作空間設計＆張成一建築師事務所

03 **玄關角落增設儲藏室：** 雖然空間有限，但設計師還是利用入門空間規劃了鞋櫃及衣櫥，並用櫃體隔間創造更多收納機能，而拉門設計更省空間。

04 **多層次建材創造 Loft 個性：** 在書桌區域的牆面，以文化石構成空間的主要個性與視覺焦點，另在不同區域分別選用了反射性建材、馬賽克磚或檜木，藉由多樣化的建材搭配創造出個性。

圖片提供 © 將作空間設計＆張成一建築師事務所

05 **調整衛浴位置變成雙動線出入：** 調整原衛浴位置連結收納衣櫥，並藉由雙動線設計讓衛浴串聯室內動線，而衣櫃正好設定在界定衛浴與餐廳的牆面。

圖片提供 © 將作空間設計＆張成一建築師事務所

04_ 彈性隔間引進光與風

在工作區附近購置新成屋，屋主夫妻期望與兩個孩子在此共享天倫。只有單側採光的房子，原通風不良，在盡量不變動格局的原則下，設計師巧妙調整隔間，以不及頂的雙面櫃區隔客廳、廚房，並量身訂製可移動的隔間櫃，創造妙趣橫生的生活場域。刻意縮短的沙發背牆，與移動式櫃體結合，形成環狀動線，當櫃體移進房內，即可與客、餐廳串聯，形成開放的公共區，同時將光線引進缺乏採光的一側。

People Data

屋主：黃先生　　坪數：16 坪

家庭成員：2 人

說讚好設計：隔間設計

01.

縮短背牆，為書、客房引進光線：設計師將客廳電視牆的兩側局部拆除，縮減沙發背牆面積，使廊道長度縮短，創造出環狀動線，並將單側的光線引進書、客房中。

圖片提供 © 懷特設計

圖片提供 © 懷特設計

動線讚

02. **電視櫃取代隔間牆，增加空間穿透性：**為了讓室內保持良好的採光與通風，設計師大膽拆除廚房隔間，利用不做到頂且局部穿透的電視牆取代，既可界定客廳與廚房，同時也引進充足的光線。

圖片提供 © 懷特設計

03. **移動式櫃體，可隨時變身秘密基地：**量身訂製的移動式櫃體，可因應不同使用需求調整配置，變身為休憩區或臥榻，巧妙保留一扇窗，保有隱密性又擁有良好採光。

05_ 有條理鋪排不失空間感與秩序感

礙於一進門就把客廳及開放式廚房看光光的窘況，設計師首先在入口處做了小玄關，作為一進效果，接著利用傢具界定各個小格局，空間變得更有層次，也不失去該有的空間感與秩序感。原本主臥的牆壁內縮後與次臥的位置對調，同時把兩個房間的內都改為向內相對，不再向著客廳後，保留臥房的隱私感。格局調整後多出了可以擺放餐桌的餐廳，設計師以圓形餐桌活化空間動線，亦達到整體線條感達到一平衡。

People Data

屋主：Andy　　坪數：12 坪
家庭成員：3 人
說讚好設計：客廳、餐廳+廚房、臥房

空間
讚

圖片提供 © 摩登雅舍室內設計

01.

隱藏收納創造簡潔空間感：將電視牆的收納層板改朝向內，並且將廁所入口隱身在白牆中，如此一來，大幅避掉視覺的雜亂感。

圖片提供 © 摩登雅舍室內設計

02.

傢具區分讓小宅也有格局分野：為改善進門後格局即被看光光的情況，設計師運用傢具做格局的分野，如此一來每個小環境能清楚被界定，同時也不會感到壓迫。

圓形餐桌活化動線：開放性廚房與客廳，因主次臥位置交換、房門都做位置轉向，多出來的空間得以成為餐廳，設計師特別選用圓形餐桌，活化動線亦平衡空間線條。

04 **轉個向，空間有意想不到的變化**：主次臥在對換了位置後，同時還將房門都做了 90°轉向內的設計，既不會影響到使用動線、也兼具隱私性外，還多配置出屬於書桌的空間。

05 **小巧玄關造小豪宅氛圍**：就算空間再小也要隔出玄關的位置，一來才不會讓訪客把家看光光，二來也提供主人喘息的空間。設計者利用格柵及間接照明共同打造，展現出的層次與效果，別有小豪宅氛圍。

06_引光入室讓 8 坪度假小宅變寬敞

隨著先生定居新竹，長居於台北的 Amy 還是常常會北上找親友，為了方便來台北時有個休息的空間，便在交通便捷的車站附近買下這 8 坪的挑高小宅，但因為採光不佳加上坪數有限，即便有挑高還是很壓迫，於是設計師重新調整了空間，並把光引入室內，空間不但變大，利用挑高增加的臥房也不用擔心一進門就讓人看見床舖。

People Data

屋主：Amy　　坪數：8 坪
家庭成員：夫妻
說讚好設計：客廳＋廚房＋臥房

圖片提供 ⓒ 采荷設計

空間讚

01 **把臥房搬到樓上去：**8 坪的空間實在很難隔間，還好有挑高的優勢，設計師用樓梯串連，將臥房規劃於廚房上方，客人來時也不用擔心一進門就見到床。

用色彩及材質區隔空間：室內只有 8 坪難再隔間，將樓下規劃為客廳、餐廚及浴室，為了讓客廳與餐廚區有所區隔，以彩色馬賽克磁磚拼貼餐廚壁面，既可區分空間又能營造風格。

圖片提供 © 采荷設計

機能讚

圖片提供 © 采荷設計

調整浴室門引光放大空間：坪數本來就小加上採光差更顯壓迫，設計師為了引進自然光源，更改原本浴室入口門的方向，並採用噴砂格子玻璃門片，光進來了，空間也變寬敞。

圖片提供 © 采荷設計

中島讓廚房不只是廚房：設計師將原本簡易廚具的方向移位至窗邊，並將廚具延伸L 型中島，中島下方是電器櫃，讓原本簡易廚房功能加大，可作料理台兼餐桌使用。

07_明亮開闊的公領域氛圍

Roy 鍾情於簡潔、乾淨的室內風格，希望空間裡能融入日系無印風格，展現清新、無壓的北歐質感。引入充沛採光，讓室內更顯遼闊，並挑選原木質感的地板材與傢具，營造出一個幸福、溫暖的居家生活，成為屋主的夢想中的生活感受。

People Data

屋主：Roy	坪數：8 坪
家庭成員：夫妻、2 小孩	
說讚好設計：電視牆	

圖片提供 © 安德康系統室內設計

01 明亮光源營造寬敞領域：大面採光將戶外的自然光引入空間裡，加上開放式的格局設計，讓視覺沒有阻隔、壓迫感，空間更顯明亮、寬敞。

02 展示層架擺設童趣設計：電視牆僅以簡約壁面呈現，透過展示層架的線條描繪，擺設童趣般的風格物件，妝點活潑、生動的空間氛圍。

03 簡約無壓的木紋視覺：讓戶外光源恣意引入室內，白色空間為底的空間裡，更顯寬闊、自在，映照在溫暖的木紋肌理，感受北歐質地。

空間讚

04 低矮櫃面讓視線無礙：沙發後方僅以矮櫃圍塑書房領域，視線無礙的隔間方式，展現開放、舒心的生活態度，讓光走進領域的各個角落。

08_ 櫃體整合，家又大又乾淨！

現代人生活中經常發生的困擾，不外乎家又小、隨身雜物卻很多，但無論物件多寡，一定得有足夠的地方安置才行，否則家被雜物一塞滿，哪來的生活品質可言呢？於是設計師以單一材質應用，搭配櫃體整合雙管齊下，讓家中所有生活器物都能物有所歸，這麼一來，雖然室內實際僅僅 23 坪，但眼前的空間感卻是又大又寬敞！

People Data

屋主：吳醫生　　坪數：23 坪
家庭成員：夫妻、1 小孩
說讚好設計：櫃體

圖片提供 © 蟲點子創意設計 X 室內設計

01 **好看又好用的櫃體設計：**把玄關放鞋用的白色高櫃、收納家中雜物的木質造型櫃、甚至擺鑰匙的小平台、臥房門、客廳電視牆全部整合在一起，好看又好整理。

收納讚

圖片提供 © 蟲點子創意設計 X 室內設計

02 **固定坐榻取代沙發或單椅：**家裡有正要學步的小寶貝，過多傢具擺設反而危險，因此設計師以銜接電視機櫃的木質坐榻取代單品傢具，榻面下隱藏實用收納區。

圖片提供 © 蟲點子創意設計 X 室內設計

圖片提供 © 蟲點子創意設計 X 室內設計

03. **木質系好療癒：**屋主是外科醫生，平時的工作壓力就很大，設計師以乾淨的白加上天然木質系為主題，這樣的居宅溫度最能夠紓解壓力，連空間感也跟著變寬敞。

04.

拉門就是電視牆：主臥也是收納要地，但為了不讓電視佔用寶貴空間，設計師特地在衣櫃前打造一面可滑移的木質拉門當作電視牆，完全不影響衣櫃的使用與容量。

圖片提供 © 蟲點子創意設計 X 室內設計

09_ 年輕有型的養生宅

許多人提到退休，大概就跟衰老、單調劃上等號，但對無數熱愛生活的熟齡人士而言，退休代表著更好的進階，終於可以盡情享受接下來的美麗人生！設計師首先針對夫妻倆人個別的作息喜好，作為分配空間的依據，包括共享的客、餐廳、廚房，靠窗明亮的小書房和兩間獨立臥房，風格上則以清雅自然的現代北歐風為主，整個家感覺年輕又有活力！

People Data

屋主：Tim　　**坪數**：20 坪
家庭成員：夫妻
說讚好設計：空間

機能讚

圖片提供 © 蟲點子創意設計 X 室內設計

01. **造型面以材質整合：**沙發背牆從天花板以下全使用木質施作，左側刻意不作滿的留白，視感上相對清爽，如果不仔細看，很難發現其中隱藏著主臥房門。

坪數小也能有空曠感！房子變大又變寬

POINT 1 不只空間變大，打開門也不用擔心看光光！

空間讚

圖片提供 © 蟲點子創意設計 X 室內設計

03. **線條延伸視覺高度：** 順應屋高優勢，在天花板最高點以黑色線條輔助視覺延展。灰階電視牆上緣與廚房端，拉出一截木質層板，一來將高度分段更顯高挑，也可當作書架或展示架。

圖片提供 © 蟲點子創意設計 X 室內設計

02.

律動感玄關： 屋主閒暇喜歡騎腳踏車，因此設計師除了在玄關兩側裝置灰鏡增加視覺延展，也加裝金屬立柱收納小摺車，讓空間洋溢時尚的運動感。

圖片提供 © 蟲點子創意設計 X 室內設計

04. **天光書房：** 空間所能給予人們的舒適與安全感，從來不在實際的尺度大小，就像這處獨享落地大窗的迷你書房，光是兩個人並肩坐著喝喝茶、嗑嗑家常就覺得好幸福！

一房變兩房，
空間還這麼寬敞！

01_ 利用垂直高度加大空間，讓孩子盡情成長

只有 11 坪的挑高宅，要容納一對夫妻與兩名學齡前的孩子。在需求上不僅有在家工作的需求，又要兼顧小朋友活動及家長照顧的便利性，設計師在格局構想除了朝水平面發展外，勢必也要往挑高 3 米 6 的垂直空間思考。以小孩房為核心，並將夾層安置於中間部分並開窗，以引進更多光線與通風。同時建構出多面向的環繞、自由動線。主臥與餐廳、工作室之間，以帷幕保持公共空間最佳的開放性。

People Data

屋主：Allen　坪數：11 坪
家庭成員：2 人＋2 小孩
說讚好設計：小孩房

01　**餐桌也是工作桌：**一樓以餐桌為中心，不僅是全家人用餐的據點，也同時滿足屋主在家能邊工作邊陪伴孩子的心願。

圖片提供 ©KC design Studio 均漢設計

機能
讚

圖片提供 ©KC design Studio 均漢設計

02 **布簾代替隔間，空間變大了：**大人的臥房規劃在上層，走道延伸至窗戶邊，可以拿取置頂書櫃的書籍，同時以布簾自由調整空間的運用性。

圖片提供 ©KC design Studio 均漢設計

03 **創意開口引光，孩子玩樂更舒適：**夾層遊戲室開口，不僅能引光入室，小孩也可以經由床鋪攀爬進入，而屋主在夾層時也可隨時看顧小孩。

動線
讚

圖片提供 ©KC design Studio 均漢設計

04 **場域彼此開放，大人小孩互動無距離：**主臥、小孩房、浴室位在同一個區域，彼此呈開放關係，動線以小孩房為中心環繞，增加活動的便利與趣味，讓一家人的生活更緊密。

02_ 開放格局讓客廳多了小書房

為早早離家在外教書的女兒，買下這間 15 坪的小宅，陳媽媽就是希望能在餘生多跟女兒在一起，雖然多數時間都在老家，但來到市區就是要跟女兒一塊住，但房子真的很小，隔兩房已經很勉強，女兒又需要獨立書房，該怎麼辦呢？於是設計師將臥房略縮小，讓出空間至開放式公領域，滿足書房及收納需求。

People Data

屋主： 陳媽媽　　**坪數：** 15 坪
家庭成員： 母、女
說讚好設計： 客廳

空間讚

圖片提供 © 維度空間設計

01 **擴大客廳增加書房：** 考量到陳媽媽只是偶而來同住，不需要太大間的臥房，設計師將臥房隔間退縮，讓出部分空間做為書房，並以開放式設計連結餐廳。

坪數小也能有空曠感！房子變大又變寬

POINT 2 一房變兩房，空間還這麼寬敞！

02 **傢具隔間兼顧空間感：**讓出臥房空間變身成為書房，為了不影響空間感，設計師以書桌與沙發做為隔間，複合式設計兼顧機能。

圖片提供 © 維度空間設計

圖片提供 © 維度空間設計

03 **玄關隔間也是收納：**為了不讓人一進門就看盡室內空間，同時也兼顧風水禁忌，設計師延伸出小玄關並利用隔間做收納，讓功能更強大。

04 **省空間的隔間書櫃：**運用書櫃做為書房與臥房的隔間，特別拿掉書櫃門片，減少隔間書櫃所佔用的空間。

圖片提供 © 維度空間設計

03_ 一分二讓廚房變身小酒吧

單身的林先生買下了這三房 25 坪的房子，就是為了將來可以與心愛的女朋友共組家庭，平日就希望上小酒吧小酌的他，特別要求設計師要為新家打造小吧檯，可是空間有限要如何讓他的願望實現呢？設計師把廚房打開，讓其中一房變成兩房完成他的夢想。

People Data

屋主：林先生　　**坪數**：25 坪
家庭成員：1 人
說讚好設計：廚房

空間讚

01.

不壓迫的開放式吧檯：為了不讓吧檯看起來壓迫，同時也達到節省預算的目的，設計師將吧檯採全開放，包含酒櫃及吧檯都以開放層架來收納。

圖片提供 © 維度空間設計

圖片提供 © 維度空間設計

02.

一分為二多了儲藏及酒吧：為了實現林先生在家也能擁有小酒吧的願望，設計師將緊臨廚房的房間拆除，變成酒吧及儲藏室，並將烤箱嵌進吧檯，小空間就是要這樣用才有效率。

圖片提供 © 維度空間設計

 更具機能性的開放廚房： 原本的廚房為狹長型空間並不寬敞，設計師索性將廚房打開，延伸至玄關處，讓原本無用的過度空間可以擺下冰箱，更具機能性。

圖片提供 © 維度空間設計

 延伸空間感小宅變大宅： 從廚房到吧檯都採開放式設計，並串連同樣開放的客廳及餐廳，開闊的空間感，來的客人都以為這是 50 坪的大坪數空間。

04_活用空間把過道變書房

同一間小宅不同屋主，卻找上同一位設計師來設計，徐先生買下這間位在市中心14坪的挑高小宅，透過朋友介紹竟然找到前屋主的設計師重新裝潢。雖然同一個空間，但因前屋主單身而現在屋主是四口之家，設計師將格局做了大幅度的調整，規劃了3房2廳同時把過道變成共用書房，坪效完全發揮！

People Data

屋主：徐先生　　**坪數**：14坪
家庭成員：夫妻、子女
說讚好設計：過道

圖片提供 © 裝潢便利通

01. **客廳角落變身書房**：將空間重整後，客廳角落多了畸零空間，設計師也沒浪費，將通往主臥及廚房的過道規劃為全家人共用的書房。

玻璃隔間延伸空間感：將過道規劃為共用書房，設計師利用玻璃隔間區隔出廚房及客廳，讓單面採光可以延伸室內，同時放大空間。

圖片提供 © 裝潢便利通

03. **更省空間的拉門：**過道的另一邊則是通往主臥，選擇用左右拉門，減少開門的半徑，同時也利用臥房門口的空間設計書櫃，將空間運用到最極致。

圖片提供 © 裝潢便利通

利用畸零空間規劃更衣室：除了利用過道規劃書房外，主臥的畸零空間也拿來做為更衣室，充分運用每個無用的角落。

05_ 兩道牆換來吧檯及大更衣室

新婚的林先生買下這 20 年 23 坪的老屋，有著後陽台太大、廚房太小及主臥沒有足夠收納空間的問題，老屋裝修本來就需要較高的裝修費用，若要再大動格局恐怕會超出裝修預算。擅長格局重整的設計師以少動格局為出發，不僅解決了空間問題，更重要是小宅也因而變得更開闊了。

People Data

屋主：林先生　　　坪數：23 坪
家庭成員：夫妻、子女
說讚好設計：客廳＋餐廳＋臥房

01. **吧檯連結開放式廚房延伸空間感：**讓出部分後陽台，廚房變得更寬敞好用，設計師以吧檯連結開放式廚房及餐廳，小空間變大了。

空間讚

圖片提供 © 裝潢便利通

100

02.

讓出陽台放大廚房空間：原後陽台太大，設計師將廚房與後陽台隔間拆除，縮小了後陽台的使用空間，同時也放大了廚房，讓原本狹小廚房變得更為寬敞。

圖片提供 © 裝潢便利通

圖片提供 © 裝潢便利通

03.

加大主臥增設更衣室：原主臥只擺得下單面衣櫥，設計師將主臥與客房間的隔間牆拆除，在書房與主臥間增設了大更衣室。

座榻代替餐椅增加收納：餐廳僅有吧檯不夠收納，因此，設計師特別設計了座榻式收納櫃，既可代替餐椅，又可作為收納櫃使用，一舉兩得。

圖片提供 © 裝潢便利通

06_開放空間讓視覺無礙

身為上班族的陳先生夫妻，喜愛簡約、無拘束的生活氛圍；為滿足女屋主希望擁有不受椅子限制的休憩區，因此，在沙發後方鋪設榻榻米，作為書房或是日常休閒的去處；而廚房的入口以玻璃推門設計，且向內收攏，讓出充足領域來擺設餐桌，使整體居家空間更顯完整、舒適。

People Data

屋主：陳先生　　坪數：20 坪
家庭成員：夫妻
說讚好設計：書房

機能讚

圖片提供 ⓒ 室覺空間創作

01 **日系書房兼具多功能室：**沙發後方鋪榻榻米，搭配低矮桌几，營造愜意的日系書房，加上可席地而坐的特性，同時又能作為日常休閒之用。

圖片提供 ⓒ 室覺空間創作

02 **地坪高度創造主次領域：**客廳到書房以架高的木地板鋪陳，形塑無拘束感；廊道兩側以高度落差，無形中簡化物件的繁雜，更拉出明確動線。

圖片提供 ⓒ 室覺空間創作

03 **虛實櫃體讓空間顯靈活：**玄關處打造一整排鞋櫃，一路延伸至電視牆，虛實相兼的門片造型，結合綠意植栽的點綴，呈現活潑的視覺感受。

圖片提供 ⓒ 室覺空間創作

04 **公領域劃分為兩種空間：**寬敞、開放的公領域裡，順著天花板樑柱結構，以沙發為界線，創造出客廳與書房領域，營造愜意的日常生活。

小房也能擁有豪宅設備，空間感還不打折！

01_運用挑高創造多機能的小豪宅

雖然只有 Michelle 一人居住，但也期望整個 7 坪的空間能有效利用。維持客廳 3 米 6 挑高減輕壓迫感，上層以左右側牆來受力承重，並藉由錯層設計爭取上下樓層都能站立。客廳用不及頂櫃牆做開放與封閉的虛實設計，使牆面實用性高且具變化彈性。靠近樓梯的樑下 30 公分處，用懸空的收納櫃來滿足梳妝檯與收納需求，並增設書桌作為多功能空間。

People Data

屋主：Michelle　**坪數：**7 坪
家庭成員：1人
說讚好設計：格局

空間讚

01.

錯層手法增設書房空間：位在臥鋪底的書房有一道因應上層走道而下降的木牆，鏤空處可做書架用，靠樓梯側又因無屏障而能維持上下交流，使畫面簡潔躍動。

圖片提供 © 齊禾設計

02. **三明治修飾法輕化上層：**上夾層側邊用胡桐木夾明鏡及玻璃隔間降低壓迫感、增加空間通透。兩扇採光窗中央原有一結構凹槽，加裝門片後變身高櫃拓增收納。

收納讚

圖片提供 © 齊禾設計

03. **樓梯側邊變身梳妝展示檯：**樑下 30 公分處安排 2 大 1 小的扁長型收納櫃，既可增加坪效又能活潑牆面造型，由於樓梯口沒有圍欄，梳妝打扮時不感侷促。

圖片提供 © 齊禾設計

圖片提供 © 齊禾設計

04. **高低段差讓夾層更好用：**利用三段不同的高低差來做區域分界，爭取站立空間。玻璃小門除可通風外也具瞭望台意象。旋轉衣架則使更衣間效能更佳。

03_ 奢侈的生活尺度，家有歐洲小酒館！

喜歡法式的典雅姿態，卻又迷戀工業風格的元素怎麼辦？熱愛品酒、美食的夫妻，除了以客廳做為主要的娛樂活動空間，餐廳和廚房也要符合有型、有機能的訴求。設計師規劃出結合餐桌的 L 型廚具，訂製具歐洲設計語彙的桌腳，搭配金屬元素的造型吊燈，優雅氣派的高腳椅，一間歐洲小酒館如焉誕生！

People Data

屋主：尹先生、尹太太	坪數：23 坪
家庭成員：夫妻	
說讚好設計：廚房設計	

01. **讓客廳與餐廚零距離相戀**：公共空間採無隔間設計，仍藉由燈具和長桌做為分水嶺，地面也選配仿水泥的地磚，方便養護又能打造洗鍊的現代感餐廚區域。

機能讚

圖片提供 © 爾聲空間設計

圖片提供 ©爾聲空間設計

02 **每一個轉身，都藏有機能：**餐桌檯面採取類似水泥材質的義大利薄磚，右側高櫃內結合收納和具滑板的電器櫃，餐桌對側同步納入冰箱位置，規劃兼做料理台的櫥櫃。

圖片提供 © 爾聲空間設計

03 **餐廚聯手，吊櫃酒櫃全俱備：**三米長的餐桌結合一字型廚具，轉角處設置鏤空吊櫃，下方難以運用的轉彎處則聰明納入紅酒櫃，從外側開啟不影響動線。

圖片提供 © 爾聲空間設計

04 **愛迪生燈點亮，酒館醉時光：**餐廳端景牆面掛上整排的愛迪生燈泡，在可以手寫的黑板牆前，形塑出浪漫歐風小酒館的情境，特別適合夜裡的微醺片刻。

一層變兩層，
不但不壓迫還變大！

01_ 小宅也能有大餐廳及更衣室

工作好多年終於擁有了自己的窩，Tina 對於這第一間房子有無限的期待，雖然室內只有 8 坪大，但因為有挑高的優勢，因此，她希望設計師能透過設計，將這小空間的坪效發揮到極致，尤其是她最期待的大餐廳及更衣室可不能少，設計師實現了她的夢想。

People Data

屋主：Tina　**坪數**：8 坪
家庭成員：單身
說讚好設計：餐廳＋臥房

空間讚

圖片提供 © 采荷設計

01.

局部挑高小宅也能擁有大餐廳：運用挑高的優勢，設計師將挑高空間保留給 Tina 最在意的餐廳，拉高天花板讓原本水平狹小的空間變得開闊，一點也看不出這是 8 坪小宅的餐廳。

圖片提供 © 采荷設計

02. **多機能餐椅既坐也能收：** 除了在餐廳設計挑高空間，設計師同時沿著窗規劃了木作可收納餐椅，小宅就是要這樣充分運用空間。

收納讚

圖片提供 © 采荷設計

03. **不放過任何細節的神奇收納：** 以樓梯連結樓上臥房，樓梯是最佔空間，但又無法捨棄，於是設計師隱藏了收納機能在樓梯，徹底發揮坪效。

圖片提供 © 采荷設計

04. **錯層設計換來更衣室：** 雖是挑高空間但只有 3 米 6 而已，設計師善用錯層設計，將臥房規劃在樓上，同時運用挑高有限的空間規劃更衣室及臥榻，讓客人來時可留宿。

02_ 挑高 14 坪小宅擠進四口之家

徐先生買下市中心這 14 坪挑高小宅，一般 14 坪小宅頂多只能規劃 1 至 2 房，四口之家最少也要 3 房才夠用要怎麼做到呢？徐先生找上前屋主的設計師，雖然是挑高小宅，但只有 3 米 6 必需要善用樓高低差錯層設計來滿足需求，設計師果然不負所望，不只打造 3 房，還多了間儲藏室及共用書房！

People Data

屋主： 徐先生　　**坪數：** 14 坪
家庭成員： 夫妻、子女
說讚好設計： 小孩房

01. **軸心位移讓空間極大化：** 串連上下樓層的樓梯是最佔空間，設計師將樓梯規劃最角落，並運用軸心位移的設計師將電視櫃嵌至樓梯下方，讓空間更形開闊。

圖片提供 © 裝潢便利通

03.

錯層收納提升空間機能：男孩房規劃於廚房及玄關上方，透過錯層設計，設計師將男孩房的收納櫃壓低，讓出空間給樓下廚房使用。

02. **高低差設計滿足不同區域功能：**雖是挑高小宅，但只有 3 米 6，無法將空間一切為二的使用，需依功能來配置空間，設計師運用錯層設計，玄關鞋櫃壓低，讓出較高空間給上層男孩房使用。

04.

通鋪式設計省下床的空間：3 米 6 的挑高，扣除一般使用空間約 180 公分高，若上層要使用就要盡量壓縮，因此上層臥房都使用通鋪式設計，減少床的高度讓出空間。

03_ 在 12 坪創造出 30 坪的坪效

夫妻兩人居住的家，在 12 坪的樓中樓空間裡，除了有基本的客餐廳、廚房外，屋主還想要有可以運動健身的空間，以及一間書房兼客房，未來還能變成小孩房，等於要創造出不下於 30 坪的使用坪效。設計師移除地面的拋光磚，爭取到 3 米 95 的高度，再利用天花板的高低落差，營造出三樓的格局層次，動線上又不必彎腰駝背。

People Data

屋主：吳先生	**坪數：**12 坪
家庭成員：夫妻	
說讚好設計：格局	

中空玄關櫃展示收藏：利用空間的高低落差做成三段式格局，進玄關後先到看起來是二樓的餐廳，下樓才是客廳。玄關與客廳為界的中空櫃體，書房也能分享明亮的採光。

圖片提供 © 綺寓空間設計

02.

冰箱嵌入牆面餐廚空間

變大：冰箱嵌入電視牆面，保留通往廚房的動線，再以一道 BabyBlue 色調的牆面，強調用餐區的範圍，為小宅注入優雅清新氣息。

圖片提供 © 綺寓空間設計

03.

機能書房可當客房：書房為了達成屋主希望兼具客房及預留小孩房願望，暫以清玻璃為隔間，方便隨時能看顧孩子，未來只要貼上霧面貼，就能成為有隱私的房間。

圖片提供 © 綺寓空間設計

機能讚

圖片提供 © 綺寓空間設計

04.

主臥設置拉門節省空間：臥房內側以木作拉門作為彈性界定，關上時，餐廚空間形成完整立面，在牆面銜接層板、懸吊燈飾，構成簡約實用的置物檯面。

PART 4
房小物多照樣收！
生活感無壓力收納設計

當空間有限，即使只是小小空間都要懂得利用，把隔間牆拆除，用櫃子代替隔間，既可滿足兩個空間的收納，還可以擠出更多空間來運用，其實也不只是用來衣櫃來隔間，電視櫃或餐櫃都可以。坪數不大加上樓高又不夠時，不如把腦筋動在地板上，把地板架高，利用不同面向的切割，設計出和室桌、收納櫃及抽屜等，充份運用架高地板的表面、裡面及側面，讓同一空間內擁有多重功能，達到最大收納量。

POINT 1 不壓迫！櫃子這樣做收納滿載又不顯亂

POINT 2 不礙眼！眼不見為淨的隱藏收納

POINT 3 不簡單！一石好幾鳥的多功能收納

不壓迫！
櫃子這樣做收納滿載又不顯亂

01_沿牆設計大容量收納惱人結構柱不見了

面積 8 坪的套房，收納是屋主最頭痛的問題。空間裡有根粗大的結構柱，傢具不好擺，又出現難利用的畸零空間。設計師將兩道牆規劃成線性切割的櫃牆，從大門起規劃鞋櫃、電視牆，一路延伸至窗邊，結構柱、電表箱也藏起來；床頭背牆則整合衣櫃、廚櫃再延伸成小廚房，白色系讓小空間清爽無壓力，更解決了屋主煩惱已久的收納問題。

機能讚

攝影©Yvonne

People Data

屋主：異鄉人　　**坪數：**8 坪
家庭成員：1人
說讚好設計：櫃體

01. 大門旁的電表箱，也隱藏在櫃牆之中，檢修也方便。

攝影©Yvonne

02. **一氣呵成的白色櫃牆：**以線性切割設計櫃牆，將鞋櫃、電視牆化零為整，白色櫃門內是大容量收納空間，結構柱被藏起來，線條更俐落。

機能讚

攝影 ©Yvonne

攝影 ©Yvonne

03 設計師量身訂製的床架，貼心增設不占空間的床頭抽板，取代床頭櫃。

04 **利用空間小衛浴也有質感：**浴櫃結合洗臉盆下方及側邊設計大容量收納，連電熱水器也藏起來。

攝影 ©Yvonne

攝影 ©Yvonne

05 **藏於無形的大容量衣櫃：**利用雙人床的床頭深度，規劃了 60 公分深的收納，不僅可以吊掛衣服，還有收納寢具、棉被的空間。

02_櫃體整合設計視覺好輕盈

以夫妻倆喜愛的美式鄉村風為主軸，由於公共空間屬於長型結構，設計師自玄關開始至電視牆，以簡約線板造型的系統櫃將餐櫃、儲藏、設備櫃一併整合，簡約清爽的白色門板，加上玻璃書屋也巧妙融入公仔展示機能，以模型櫃當隔間減少牆厚造成的空間浪費，櫃體更顯輕盈無壓力。

People Data

屋主：黃先生　　坪數：25 坪
家庭成員：夫妻 +1 小孩
說讚好設計：櫃體

01.

整合櫃體完善空間機能：公共空間為較長的長方形，客餐廳緊臨，從玄關鞋櫃到客廳電視櫃，透過長型櫃體分區，並利用系統櫃成型門板取代較貴的木作線板門片。

圖片提供 © 法藝設計

收納讚

圖片提供 © 法藝設計

02.

L 型櫃體賦予多元收納：餐櫃的中段鏤空貼覆木皮材質，為白色長櫃注入溫暖，並將深度控制在連行李箱都能輕鬆收納的 42 公分，大小雜物都能安心入內。

圖片提供 © 法藝設計

03 ■ **半透明書屋與陽光共舞：**緊鄰餐廳旁以大面積玻璃
打造出半透明書房，讓光線可以自在流通，化解原
本採光不佳的問題，側面牆也規劃專屬的公仔收藏
展示櫃。

圖片提供 © 法藝設計

04 ■ **玻璃展示櫃也是隔間：**玻璃展示收納櫃兼
具隔間牆的功能，屋主可從內部取放公仔，
同時提升書房的採光，對外也正對公共領
域，成為公仔們最亮眼的展區。

圖片提供 © 法藝設計

05 ■ **純白櫃體降低壓迫感：**主臥利用大樑下
量身訂製整面收納空間，開放格櫃搭配
抽屜、吊櫃形式，加上因應溫馨的百合
白漆特別以純白色櫃體搭配，清爽不顯
壓迫。

03_ 樑柱結構嵌入櫃牆收納有效率

這間 23 坪的老屋，最大的問題是牆柱歪斜、大樑多，而屋主又有大量衣物、雜物等需要收納。對此，設計師重新調整格局並且讓櫃體融入大樑、柱體之中，巧妙獲得虛化效果，例如電視牆櫃、書櫃，一方面採取圓弧、斜線修飾大樑。此外，主臥在格局調整過後也特地劃設更衣室，加上睡寢區整齊有致的櫃體規劃，滿足屋主各式收納需求。

People Data

屋主：陳小姐　　坪數：23 坪
家庭成員：單身
說讚好設計：餐廚

01.

白色櫃體清爽不壓迫：拆除原有小廚房變更為開放式書房，與公共廳區串聯成寬闊的空間尺度，並利用大樑下規劃落地書櫃，白色加上反射鏡面材質的運用，清爽不顯壓迫。

圖片提供 © 耀昀創意設計

收納讚

圖片提供 © 耀昀創意設計

02.

牆櫃蘊藏豐富收納：玄關至客廳延伸達四米以上的電視牆櫃，黑灰白配色與現代簡潔造型，呈現摩登視覺。從大門旁的鞋櫃、串聯電器櫃、電視櫃，依各區做不同收納需求。

03. **玻璃拉門創造延伸放大感：** 重整格局後，為屋主創造獨立的更衣間機能，滿足大量衣物收納需求，灰色櫃體搭配鮮豔紅色做跳色處理，玻璃拉門則保有空間的穿透延伸。

圖片提供 © 耀昀創意設計

圖片提供 © 耀昀創意設計

04. **中島吧檯賦予多元機能：** 將廚房挪至與廳區作整合，並特意讓吧檯面向窗外，得以享受河堤美景，中島吧檯既可做為料理檯面的延伸，又兼具用餐功能。

圖片提供 © 耀昀創意設計

05. **簡約白色淡化量體：** 主臥安排簡潔俐落的白色櫃體，收整乾淨的視覺效果，電腦事務機設備也妥善隱藏在左側櫃體內，讓桌面能隨時保持整齊。

04_ 跳色、鏤空櫃體，化收納為無形

　　3 房 2 廳的 25 坪居家，因應客廳面寬尺度的關係，以集中、複合式收納櫃體規劃，在簡潔線條的框架之下，運用深淺木紋做跳色，抽屜刻意貼飾墨鏡製造反射放大的效果，加上局部透空設計、櫃體不落地，看起來更輕盈俐落。此外，空間大量運用純淨白色為主軸，包括茶几都是鏤空線條設計，完整型塑出明亮開闊的北歐生活。

> ### People Data
>
> **屋主**：黃媽媽　　**坪數**：25 坪
> **家庭成員**：夫妻
> **說讚好設計**：櫃體

01.

懸空、反射材料創造輕盈視感：長型客廳特意以電視櫃、收納櫃的複合式櫃體為主軸，並用灰鏡的反射延伸效果，及不落地的設計，呈現輕盈俐落的視覺感受。

圖片提供 © 耀昀創意設計

圖片提供 © 耀昀創意設計

02.

吧檯隔間遮擋凌亂增加收納：開放式餐廚採取吧檯高度的隔間圍塑，既可界定廚房場域，亦能遮擋檯面的凌亂，鄰近廊道面的層架還可收納書報雜誌。

圖片提供 © 耀昀創意設計

03 純白透亮延展空間感：從玄關開始以純白色調作為空間基調，左側鞋櫃結合開放式層架的設計，讓廊道不顯封閉狹隘，加上流暢的動線產生放大視覺的效果。

風格讚

圖片提供 © 耀昀創意設計

04 深淺木紋搭出好質感：懸空式的櫃體規劃，將收納機能予以集中，簡潔的線條框架之下，利用深淺木紋、墨鏡等素材作配色，一方面提升系統櫃質感，也使得牆面表情豐富許多。

05_設計感線條櫃體建構 19 坪時尚宅

為了讓 19 坪的空間不再零散,將室內格局以「大套房式」作為設計概念,並依照屋主的生活習慣,將客廳和餐廚區動線集中,讓居住者與來訪好友可以無拘束的自由對話。由於小空間中仍有一些樑柱,便以設計感十足的不規則線條造型櫃修飾,櫃體融於設計之中不僅虛化了樑柱,也整合客廳和餐廚之間的收納機能,也有引導視覺動線的作用,一連串設計讓整體空間格局變得更完整。

People Data

屋主: Mark　　**坪數:**19 坪
家庭成員:夫妻
說讚好設計:櫃體、開放式設計

空間讚

圖片提供 © 九禾室內設計

01 ■ **設計感造型櫃淡化樑柱並滿足收納:**為消弭樑柱造成的視覺障礙,以連續性設計感造型櫃淡化樑柱,開拓整體空間感。

02. 櫃體促使空間格局更完整：不規則線條造型櫃，由高到低整合客廳和餐廚空間的收納機能，引導視覺動線，虛化樑柱，同時運用深淺不一的暖灰色串連，讓空間格局更完整。

圖片提供 © 九禾室內設計

03. 收納櫃延伸臥榻再造空間：客廳一旁小環環境有良好採光，於是設計者從納櫃體再延伸出臥榻設計，讓屋主在家就能享受悠閒的下午時光，當眾多朋友來訪時也有足夠的使用空間。

圖片提供 © 九禾室內設計

圖片提供 © 九禾室內設計

 拉門讓空間關係隨性轉換： 廚房緊鄰主臥，各個空間內都配置了所需的櫃體，以拉門做為空間區隔，打開時即是公共空間的一部份，關起來又是私人天地，空間關係既模糊又清晰。

06_ 不及頂的櫃體設計創造視覺輕盈感

在有限的室內坪數限制之下，一家人的生活雜務如何收納、擺放才能顯得不雜亂、擁擠，是一項學問。其中，櫃體收納是雜物隱藏最直接辦法，但是大型櫃體往往會帶來壓迫感，尤其小宅空間更須注意，為此，設計師利用不及頂且具穿透感的櫃體設計，滿足收納需求的同時，透過光線的通透性創造視覺上的輕盈感，高低層次也為居家空間增添趣味。

People Data

屋主：黃先生　　**坪數**：16 坪
家庭成員：夫妻 +2 孩子
說讚好設計：收納櫃設計

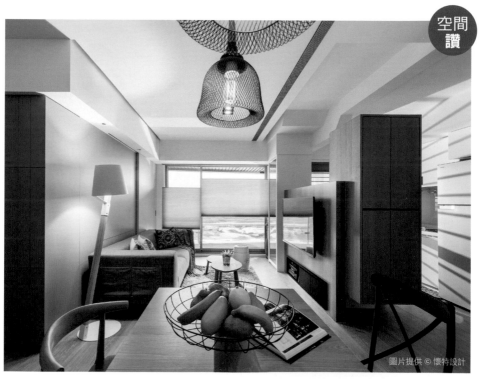

空間
讚

圖片提供 © 懷特設計

01. **不及頂設計化解櫃體的重量感**：不論是電視櫃還是收納櫃，不及頂與懸空的設計，化解封閉櫃體可能帶來的視覺壓迫，並讓光線得以穿透，躍動的高低層次，也為居家設計帶來更豐富的生命力。

圖片提供 © 懷特設計

02 **融合展示層架，展現屋主個性：**除了封閉性櫃體，設計師也在居家空間中適時穿插開放式的展示層架，做好收納的同時，也能將鍾愛的蒐藏或生活用品展示出來，豐富居家設計的表情。

圖片提供 © 懷特設計

03

活動式收納櫃體，為家增添趣味：不同形式的收納櫃體，當全都變成可隨性移動的隔間櫃時，在滿足收納的同時，也與實用生活機能吻合，可以隨心所欲擺放成臥榻、小屋……等，讓空間可彈性運用。

07_系統櫃體搭配門片加工質感升級

如何變出充足收納空間是小宅的最大考驗，而在有限的預算下，設計師運用大量系統櫥櫃整合各區域的收納空間，並在櫃面上加工做出不輸木作的質感，此外，利用架高的書房長台、和室，又可額外爭取到 2 ～ 3 坪的收納空間，成功化解難題，並以簡約的線條消除視覺壓力，各式櫥櫃也儘量露出天地，留點喘息的空間。

People Data

屋主：王小姐　　**坪數**：25 坪
家庭成員：2 人
說讚好設計：收納兼展示櫃

圖片提供 © 鑄羽創意空間設計

01 **架高地面暗藏收納空間：** 在客廳靠近落地窗架高做出長檯當開放式書房，書架以鐵件做出穿透感，區隔使用空間，又不影響視線延伸；和室既可做為起居室，也能當作小孩的遊戲間，架高地板下也都是收納空間。

圖片提供 © 鑄羽創意空間設計

收納
讚

圖片提供 © 錡羽創意空間設計

02. **修飾門片展現鄉村風情：**餐廚櫃以鄉村風的線板取代呆板的系統門片，展現屋主期待的質樸的鄉村風情，而封閉、透視與展示兼具的櫃體設計，將餐廚空間的收納展示去蕪存菁。

圖片提供 © 錡羽創意空間設計

03.

善用畸零空間放大收納機能：小孩房以開放式展示架繞著大柱子走半圈，增加擺放書籍與玩偶公仔的置物空間，也虛化了柱體容易帶來的視覺壓力。

圖片提供 © 錡羽創意空間設計

04. **窗檯下的半高衣櫃：**主臥利用窗下的空間，依牆做出超過3公尺長的半高拉門衣櫃，可容納大量衣物，又不會阻礙陽光進入室內。

08_ 櫃子沿著廊道走，收納機能通通 double

這間 20 年老屋是父母留給屋主 Bob 的房子，本身屋高僅有 2 米 7 加上樑柱多，樑下最低達 2 米 2 左右，在公共區塊和私人空間中間都有樑和柱橫互交錯，再加上 3+1 房的格局等等，讓整體空間變得雜亂無章。經由設計師改造，適時調整樑柱的包覆與配置，不僅保留一間小孩房，也擁有一間彈性書房，以及整合性高的收納等，滿足需求，增加大幅收納，也讓主臥多了更衣室、廚房大兩倍。

People Data

屋主：Bob　　**坪數**：20 坪
家庭成員：兩人
說讚好設計：格局、收納

空間讚

圖片提供 © 博森設計

01 **畸零空間整合影音設備：** 兼具書房、娛樂的起居室，以透明玻璃隔間牆結合旋轉電視牆，同時運用柱子兩側與兩側沙發中間的落差空間增設影音電器收納櫃，大大整合空間機能。

圖片提供 © 博森設計

02 **順樑走位規劃空間：** 在大樑下方安排自廚房延伸出的 L 型吧檯，與之交錯的樑下安排為廊道，讓較高的天花得以被房間有效運用，廣大的公共空間也整齊一分為四。

機能
讚

圖片提供 © 博森設計

03

整合衛浴至同側，長型廚房消化過道問題： 將主衛與更衣室相串連，與客衛整合至同一列，剩餘的長型空間作為廚房，後方延伸至工作陽台，前方則作為 L 型吧檯的延續。

09_省錢又有風格的開放收納

買下這間 25 坪的新屋，能用的裝修費用有限，雖然目前是單身，但對已有交往女友的林先生來說，仍要有充裕的收納空間，要如何兼顧預算與機能，同時還要能展現空間風格呢？設計師選擇了用開放式的收納設計，讓小空間不會因為過多木作而顯得壓迫。

People Data
屋主：林先生　　**坪數**：25 坪
家庭成員：單身
說讚好設計：玄關＋客廳

01.

懸空玄關櫃減少壓迫感：
入門就是長走道，但玄關該有的鞋櫃收納又不能少，設計師將玄關櫃懸空，並上燈光作為夜燈使用，空間感和收納機能一次滿足。

圖片提供 © 維度空間設計

PART

4

房小
物多
照樣
收！
生活
感無
壓力
收納
設計

POINT 1 不壓迫！櫃子這樣做收納滿載又不顯亂

圖片提供 © 維度空間設計

圖片提供 © 維度空間設計

02 **開放與活動櫃的運用：** 木作是所有裝修工程中最花錢的，但收納又不能沒有櫃子，於是設計師在客廳便選擇開放式電視架搭配紅色活動櫃，不但更省錢，紅色櫃也讓空間更有個性。

03 **節省空間的隔間櫃：** 為了讓空間看起來更為寬敞，客廳與餐廳間用櫃體做為隔間，又可省空間又能兼具收納機能。

圖片提供 © 維度空間設計

04 **開放隔間櫃與收納小道具：** 餐廳的餐櫃也採開放式設計，一方面省錢一方面也好拿取，設計師還特別挑選了收納藤籃搭配開放層架使用更好分類使用。

10_開放式櫃體創造日常風景

在坪數不大的居家空間裡，除了以乾淨、簡約的質材創造
寬敞、舒適度，如何將周醫師夫妻倆收藏的書籍、風格物
件都能完整收納，避免室內產生凌亂感；且又考量擴充機
能後，如何避免大量櫃體佔據公領域，造成空間過於狹
隘？是設計師最重要的功課。

> **People Data**
> **屋主**：周醫師　　**坪數**：24 坪
> **家庭成員**：夫妻
> **說讚好設計**：電視牆

圖片提供 © 九思室內建築事務所

01 **開放與懸空感櫃體設計**：延續清水模質感的電視牆，以鐵件、木
作層板打造開放櫃體，懸空的設計手法，營造輕盈、無壓力的公
領域感受。

收納
讚

圖片提供 © 九思室內建築事務所

02. **沿著壁面擺設與收納：** 沿著樑下壁面創造出收納機能，自然讓出更多空間給公領域，加上視覺延伸至落地窗檯，營造出舒心寬敞之意。

圖片提供 © 九思室內建築事務所

03. **展示與收納機能並置：** 在坪數有限的書房裡，為了滿足收納機能，同時擁有充足的走道空間，因而利用兩側壁面創造開放式層架。

04.

玻璃隔間增添流動氛圍： 利用玻璃隔間打造書房領域，透亮質材將戶外自然光引入室內，營造出流動感的空間氛圍，同時延伸視覺尺度。

圖片提供 © 九思室內建築事務所

11_將收納機能自然融於壁面

終於擁有自己的房子，梁小姐夫妻喜愛休閒的恬意感受，將多年老屋翻修成簡約樣貌，藉由門框的設計手法，保有完整領域；同時希望能滿足日常生活所需，將生活雜物隱於無形，因此，由內到外充分利用領域，擴充收納機能。

People Data

屋主：梁小姐	**坪數**：15 坪
家庭成員：夫妻	
說讚好設計：電視櫃	

圖片提供 ©THE ORIGIN 元典設計

01. **潔白且騰空櫃體設計**：玄關處壁面打造一整排收納櫃，潔淨的白讓視覺上有放大之效，局部櫃體以騰空方式呈現，更顯輕盈、紓壓之效。

收納
讚

02

將電視櫃結合收納機能：為了強化收納機能於無形，特別將電視牆體結合收納，米色調加上整齊劃一的線板門片，創造毫無違和感的整體設計。

圖片提供 ©THE ORIGIN 元典設計

圖片提供 ©THE ORIGIN 元典設計

03

多功能的折疊式餐桌：餐廳裡擺設折疊式餐桌設計，當客人拜訪時，可展開兩側桌面，平時無需使用時，可將兩側桌身收合，節省空間。

04

窗下畸零空間也是收納：善用窗邊大樑下的畸零空間，將大型家電與廚具收整其中，享有良好採光的同時，也能滿足生活實用所需。

圖片提供 ©THE ORIGIN 元典設計

12_實用與設計品味一把抓

有時候為了實用，美感上只能稍作遷就，然而真正的設計，絕對可以把美和機能性合而為一！例如在這僅 20 坪左右的小宅子裡，除了玄關設置好收納的隱密儲藏室，寬敞明亮的客廳旁，居然還有一座可容納十餘人舉行小組會議的超長中島，舒適的臥室裡甚至還備有專屬更衣間，設計師針對空間施展的種種魔法令人歎為觀止！

People Data

屋主：LEE　　　坪數：20 坪

家庭成員：單身男性

說讚好設計：機能

圖片提供 © 蟲點子創意設計 X 室內設計

01 **複合娛樂中心：**以白色文化石打造客廳電視牆主體，牆體上方的天花板，內藏搭配投影設備的吊隱式螢幕，讓客廳搖身一變成為呼朋引伴的視聽娛樂中心。

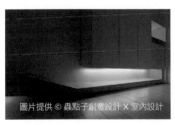

收納讚

圖片提供 © 蟲點子創意設計 X 室內設計

02.

浪漫發光體：這列依牆設置的白色高櫃造型簡潔俐落，櫃體下方刻意懸空並加裝間接光，到了夜裡宛如浪漫的發光體，也是步道燈，同時降低大型櫃體的存在感。

圖片提供 © 蟲點子創意設計 X 室內設計

03.

精工大中島：考量屋主工作關係，常會有許多同事到家裡舉行小組會議，因此設計師打造一列做工精緻的超長中島，十幾個人同時圍桌討論或餐敍都遊刃有餘！

圖片提供 © 蟲點子創意設計 X 室內設計

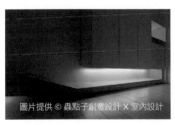

13_是美型拱門，又是機能櫃身

原本公共空間較為狹長的老厝，在全面拆除後，回歸毛胚屋的狀態，重新界定格局後，為打造法式古典的風格，以拱門迴廊的概念設計包覆住樑柱，玄關和客廳得以擁有各自的領域；由於屋主夫妻有相當多出國旅遊的經驗，需要許多擺設紀念品或飾品的空間，便結合裝飾性和收納雙重機能，打造出此一具穿透性的拱門櫃體。

People Data

屋主：傅先生、傅太太　　**坪數**：18 坪
家庭成員：夫妻
說讚好設計：櫃體

01. **琴非得以，左右不一樣**：包覆橫樑所設計的拱門，兩側不等寬的設計，目的是讓鋼琴成就拱門端景之餘，在不同視角下，保有若隱若現的美麗。

圖片提供 © 爾聲空間設計

收納讚

圖片提供 © 爾聲空間設計

02. **推轉之間，360 度全收納**：拱門上方的雙面，每層的隔板都可旋轉 360 度，依需求放置大小各異的書本或物品，深度更可隨著需求調整。

03 **隨浪板流轉的生活光景：**深度達
50 公分，可以雙面使用，希望有
穿透性，櫃面薄至 9mm 可雙面靈
活使用，波浪板的設計來自鋼琴型
體 S 型，增加現代感氛圍。

圖片提供 © 爾聲空間設計

圖片提供 © 爾聲空間設計

連玄關櫃、鞋櫃都貼心收錄：拱門櫃下
半部規劃具通風功能的玄關櫃及鞋櫃，
凹槽式倒角把手、氣孔與線板設計融為
一體，有型俐落好好使用。

05

**內外不同的兩種呵
護：**考量到台灣潮濕
多雨的天氣，入門後
可能會踩濕玄關，便
於拱門之外的玄關區
使用木紋磚，拱門之
內的區域採用屋主偏
愛的實木地板。

圖片提供 © 爾聲空間設計

不礙眼！
眼不見為淨的隱藏收納！

01_延續日本超厲害收納術的迷你小宅

7.5 坪的空間怎麼住進兩大一小？屋主 bear 可是用盡了巧思。不僅擁有榻榻米地坪，還擁有如泳池般藍色烤漆的玻璃餐桌以及一應俱全的家電設備。設計師架高地板與窗緣切齊，不但創造落地窗效果，空間也因為縮短比例而更為寬敞。利用地坪延伸出桌子，沒有沙發約束迎來的是榻榻米的寬敞，而榻榻米底下全是一家人的收納空間，家中幾乎沒有雜物堆積，可說是創造了一個現代感十足的日系迷你空間。

People Data

屋主：bear 夫婦　**坪數**：7.5 坪
家庭成員：夫妻＋1 小孩
說讚好設計：架高地板

01 **架高地坪，空間視野更寬廣**：將地板架高 90 公分改變空間比例，作為放大空間的手法，地板與窗緣切齊，巧妙創造了落地窗，視覺得以向室外延伸，空間感好開闊。

圖片提供 © 鄭士傑室內設計

機能讚

圖片提供 © 鄭士傑室內設計

02 **推拉式衣櫃與延展式桌板：**夾層除了是臥房以外，另一邊為衣物間，門片採用推拉設計方便拿取衣服，半透式材質搭配燈光設計，讓空間變輕盈。桌子可延展加長，可容納 6 人入座。

圖片提供 © 鄭士傑室內設計

03

規劃雙面盆同時梳洗省時間：梳洗的面盆不但從浴室移出，還設置了雙面盆，滿足女屋主需求，方便兩人早上需要同一時間盥洗時，不用互相等來等去，節省出門時間。

02_ 假牆創造逾 2 坪的超大收納

儘管只有 1 房 1 廳的 10 坪空間，這對小夫妻還是希望能有廚房及更衣室的規劃，設計師利用空間垂直、平面的交錯運用，讓這間小屋不論是主臥還是客廳，都能保有 4m×4m 的面積，與一般 30 坪住家的規劃相去不遠，同時利用幾乎環繞房子一半的露台砌出假牆，不但擴增約 2 坪的收納空間，還多出工作陽台，讓整體空間表現更加俐落簡潔，也進一步放大視覺空間感。

People Data

屋主：廖小姐　　**坪數**：10 坪
家庭成員：夫妻、1 狗
說讚好設計：櫃體設計

收納
讚

圖片提供 © 采豐國際室內設計

01. **環繞式假牆暗藏收納空間**：設計師利用幾乎環繞房子一半的露台，環繞式地砌出假牆，將外推的窗檯做成收納空間，估計增加了 2 坪以上的收納空間，還因此得以設置工作陽台。

圖片提供 © 采豐國際室內設計

02 **共享通道以保持空間尺度：**公共空間中，利用平面空間的重疊運用，讓客廳與一字型廚房共享通道，為兩區域保留足夠的使用空間。

圖片提供 © 采豐國際室內設計

圖片提供 © 采豐國際室內設計

03 **衣櫃轉角做出半套更衣室：**設計師利用臥房轉角的畸零空間，規劃小巧的半套更衣室，關起門時是一般的衣櫃，需要時再開啟，且將穿衣鏡直接裝在櫃門上，方便試衣。

03_ 櫃體也是裝置藝術

優質收納是現代人舒適生活的根本，而收納的工具不外以各類大小櫥櫃為大宗，這時候問題就來啦，家裡若是為了收納製作一堆櫃子，勞民傷財不說；可能連家人的活動空間都得犧牲。這時不妨參考一下設計師用在這屋裡的妙點子，門前玄關處先以一座懸空櫃體區隔裡外，櫃後往裡走還善用隔間藏了一間儲物室，一口氣解決家中所有收納問題，而且幾乎看不見櫃子喔！

People Data

屋主：Johnson　　坪數：20 坪
家庭成員：夫妻
說讚好設計：收納設計

收納讚

圖片提供 © 蟲點子創意設計 X 室內設計

01.

實用幾何藝術： 作為生活器物的櫃子其實也能充滿藝術性，白色櫃體附加玲瓏有致的幾何趣味，右側再接上一段木質檯面，隨便擺盆花藝、植栽或雕塑都好看。

圖片提供 © 蟲點子創意設計 X 室內設計

PART

4

房
小
物
多
照
樣
收
！
生
活
感
無
壓
力
收
納
設
計

POINT 2 不
礙
眼
！
眼
不
見
為
淨
的
隱
藏
收
納
！

02.

俐落燈溝虛化大樑： 橫亙在
客廳中央的大樑又低又大，
若只是單純包覆一定更壓迫，
於是設計師在樑兩側作燈
溝與斜切造型，立刻把空間
缺點變設計亮點。

圖片提供 © 蟲點子創意設計 X 室內設計

03.

電視牆也有隔間機能： 從餐廳延伸過來的白
色電視半牆，故意在牆面偏右側壁掛電視，
不對稱的趣味配合下方斜出的深色木質檯
面，為轉進牆後的書房閱讀區預留伏筆。

圖片提供 © 蟲點子創意設計 X 室內設計

04.

櫃體不作滿讓視線流動： 略微架
高地板的小巧書房不再多作硬性
界定，書桌左側兼作電視牆背撐
的木高櫃比照半牆高度，刻意不
作滿；好讓視線可以在屋子裡自
由流動。

圖片提供 © 蟲點子創意設計 X 室內設計

不簡單！
一石好幾鳥的多功能收納

01_ 有效規劃讓小宅收納機能滿滿

由於空間有限，試圖結合收納機能與屋主的使用習慣來規劃空間，像是入口玄關就有一大面的玄關櫃，足以擺放一家人的物品，另外也在壁面設計一個雙面式的收納櫃，滿足其他的置物需求。此外，也善加利用公共區域，像是餐廳平常可作為一家人用餐的環境，一旦當訪客多的時候，則能夠化身為客廳的延伸空間，讓親友團聚時更加盡興。

People Data

屋主：Eric **坪數**：20 坪
家庭成員：夫妻 +1 小孩
說讚好設計：櫃體

01. **書房以清玻璃和客廳區隔：**為了讓空間感更加寬敞，設計師選擇在書房兼遊戲室的隔牆以清玻璃與客廳區隔，讓視線穿透，空間感無形中放大。

空間讚

圖片提供 © 墨比雅空間設計

02.

雙面櫃概念提升空間效率：
餐廳與玄關結合雙面櫃與
隔間的概念，將收納機能與
隔間機能整併，不僅能區隔
不同空間也兼具收納設計，
同時提升空間的使用效率。

圖片提供 © 墨比雅空間設計

03.

黑鏡門片隱藏鞋櫃：在玄關入口的右邊，利
用黑鏡做為鞋櫃門片的材質，可作為穿衣鏡，
讓居住者出門前可整理儀容，也有反射效果，
讓玄關走道空間感變得寬闊。

圖片提供 © 墨比雅空間設計　圖片提供 © 墨比雅空間設計

圖片提供 © 墨比雅空間設計

04.

設計背後隱含十足收納：電視牆利用水泥
板與鏡面材質創造出對比效果，一方面突
顯空間焦點、呼應風格，另一方面也隱藏
了收納設計，實用與美感兼具。

02_ 藉由不同形式放大收納的可能性

屋主一家三口搬入這間 15 坪大的新家,除了擔心使用機能受到影響外,也害怕新環境會有收納不足的情況,因此,在對應機能部分,設計師選擇維持既有格局,空間不縮減、不微調,又能滿足 3 人的生活所需。此外,因小坪數的空間有限,若全使用實體櫃來應對收納問題,那勢必會讓空間更顯擁擠、壓迫,不妨可結合展示型收納來對應。

People Data

屋主:侯先生　　坪數:15 坪
家庭成員:夫妻、1 小孩
說讚好設計:收納兼展示櫃

收納
讚

圖片提供 ⓒ 懷特設計

01 **交錯使用虛實形式收納櫃:** 展示型收納的櫃體可透過層架、層板形塑而成,同時將封閉櫃體與鏤空、開放形式結合,將生活物品展示出來,同時也做好了收納。

圖片提供 © 懷特設計

02. **質地與色澤替空間帶來不同氛圍：**為了讓空間更有自我風格，設計師在櫃體與牆面運用了樂土、色彩塗料來做妝點，不同材質在光線的折射襯托下，也為家染上頗具特色的設計興味。

圖片提供 © 懷特設計

03. **加深機能尺度提升收納量：**主臥的大型衣櫃延續客廳的展示型收納風格，一旁配置的化妝桌，且加深尺度的設計，連帶讓上下方都能再增設層架、櫃體等。

03_ 人貓共處一室的機能宅

宮先生是一對退休夫妻，從原本的家屋搬移到縮減一半坪數的新家裡，期待展開愜意的退休生活。新的居家環境裡，需考量人與貓咪如何各自擁有自在的生活空間，不會彼此干擾，更深入思考四隻貓咪的不同性格，如何透過設計妥善安排；以及如何將原有 40 坪裡的收納容量，濃縮至 20 坪的新家裡，創造美感與機能滿分的家屋。

People Data

屋主：宮先生	坪數：20 坪
家庭成員：夫妻、4 貓	
說讚好設計：貓跳台	

垂直高度開創人貓領域： 從玄關到客廳，貓跳台的設計從櫃體向上延伸至天花板，層板的角度與造型更融入電視牆，成功打造人貓共處的天堂。

圖片提供 © 凱翊室內空間設計

圖片提供 © 凱翔室內空間設計

收納讚

02.

收納機能結合貓跳台：利用垂直高度勾勒出貓咪的行走動線，水平的貓跳台設計與電視牆造型相融，文化石搭配木作，展現簡約自然之美。

圖片提供 © 凱翔室內空間設計

03.

可掀式餐桌設計：家中貓咪習慣性窩在餐桌上，設計師將桌子調整為可掀式設計，讓屋主可試需求來收闔桌面，空間運用更顯彈性。

圖片提供 © 凱翔室內空間設計

04.

將床收整至收納櫃體：貓咪為了爭地盤，容易在床上大小便。設計師利用進口的五金掀床，起床後可將床收立起來，與收納櫃相融為一。

04_ 錯層格局隱藏充足收納

將小宅垂直高度作最有效的分配，3 米 95 高度規劃為三層格局，進門處是架高地板的開放式餐廳與主臥，下了階梯才是客廳，樓高不會受到限制，窗外的綠意在視覺上也有延伸效果。再將收納化為無形，讓櫃體多元化運用，設計師將電視牆結合樓梯層板，收納拉抽、衣櫃等櫃體都從零散整合成為上下貫穿一致性的主牆面。

People Data

屋主：吳先生　　**坪數**：20 坪
家庭成員：夫妻
說讚好設計：電視牆

圖片提供 © 綺寓空間設計

01.

電視牆面發揮強大複合機能：設計師將零散櫃體統合在電視牆面，正面是影音櫃、拉抽及展示櫃，背面則結合抽屜式的樓梯貫穿全屋高度，不但一側納入冰箱，夾層上方的書房牆面，則有衣櫃及收納，機能十足。

圖片提供 © 綺寓空間設計

PLUS 裝潢重點提示

01_櫃子貼牆收得多又兼顧空間感

空間小在設計收納櫃時，可順應牆面設計，讓櫃體靠邊站，又能修飾空間中的樑柱。櫃體門片可挑選淺色、或是與牆的顏色一致，讓櫃子與牆面融為一體，既可滿足收納功能又不會影響到空間感。

02_化零為整的空間收納術

空間有限的狀況下，有時很難做大面積的收納思考，必需要化零為整，善用每一處的畸零空間來完成收納的使命，如天花板上方、地板下方、樓梯下方、樑柱與樑柱間空隙等等，都是想增加收納機能時不能放過的角落。

03_上下延伸爭取收納空間

空間分水平及垂直面積，水平面積很難增加，但垂直面積卻有很大的發展空間，尤其現在很多小坪數的房子天花板都會特意拉高至 3 米 6，更適合往上或下延伸，讓櫃體往上延伸到頂或是將地板墊高往下運用，可擴增不少收納空間。

04_抓緊尺寸省到就是賺到

坪數小對尺寸就要更加計較，雖然說櫃體依使用用途都有固定尺寸可參考，但還是要依實際使用為考量，像是書櫃一般深度是建議 30 至 35 公分，但其實很多書的寬度都不到 30 公分，就可以不用做足，千萬別小看這幾公分，有時只是少個幾公分，就可能創造出更多的收納空間或是讓空間變得更開闊。

05_機能共用讓收納坪效激增

空間小，機能一樣都不想放棄，如何在有限坪數中發揮最大的機能呢？此時一定要具備一物多用的設計概念，在思考設計時就要利用共用性來增進空間使用機能，像是書櫃與餐櫃共用，或是用櫥櫃代替隔間牆，讓隔間牆也能成為收納櫃……都能讓坪效發揮到最大值。

06_改變收納的方式擺脫尺寸限制

要提升收納容量，收納的方式也很重要，有時只要改變收納方式，就讓原本無法規劃櫃體的地方多了可收納空間，例如鞋櫃一般是 35 到 40 公分，可讓鞋直放進去，但若鞋不用直放而改為斜放，20 公分就可以規劃為鞋櫃，換個收納方式就可擺脫尺寸限制。

PART 5
迷你又充滿個性魅力！
風格營造與配色佈置

小宅的配色原則，同一個空間的顏色不宜超過三種以上，而且最好
能夠相互搭配融合，若太多顏色會讓空間複雜化，造成壓迫感。空
間小，線條就不宜複雜，但不代表小坪數住家只適用現代風，想要
在小宅營造出不同風格個性，重點建材的使用是重點，像是鄉村風，
可用木皮和木地板，再局部搭配碎花壁紙及沙發；北歐風則少不了
文化石壁面，再搭配實木皮及低矮的沙發、造型單椅，馬上變身北
歐風明亮居家。

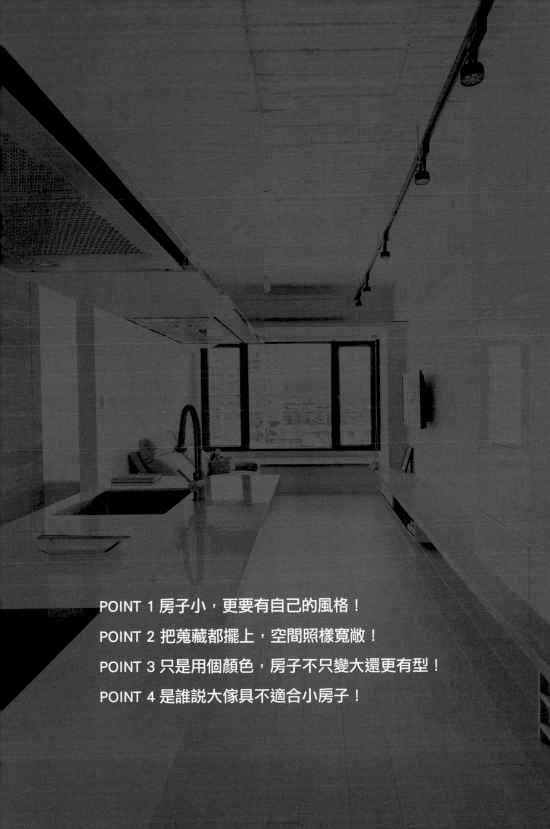

POINT 1 房子小，更要有自己的風格！

POINT 2 把蒐藏都擺上，空間照樣寬敞！

POINT 3 只是用個顏色，房子不只變大還更有型！

POINT 4 是誰說大傢具不適合小房子！

房子小，
更要有自己的風格！

01_ 清透材質舒服用色營造舒爽小宅

屋主 Kevin 養了一隻貓，希望在 13 坪的空間中能保持自由的居住動線。設計師保留廚房、衛浴，其餘隔間拆除重新規劃，以電視牆為中心，創造出回字動線，讓人與貓在空間中都能自在活動。電視櫃與臥房置物櫃相互整合，取代實體隔牆，藉此劃分公私領域，未做滿的效果讓兩側呈現雙向開口，如此多出更衣區及廊道，空間也在變換之間獲得釋放。增加拉門讓開闔之間兼具獨立與彈性。

People Data

屋主：Kevin　坪數：13 坪
家庭成員：1 人＋ 1 貓
說讚好設計：動線

01. **機能整合，提高客餐廳互動：**既然空間已經非常小了，就將機能整合提高空間效益。餐廳、廚房規劃在一起，有效利用空間，使用上也更為便利。

圖片提供 © 甘納設計

圖片提供 © 甘納設計

02 毛孩子也有自己的玩樂之地：廚房層架、冰箱上方，均配置了屬於貓咪的活動空間，讓貓在小空間裡也能倍感 自在。

動線
讚

圖片提供 © 甘納設計

03 回字形動線讓空間變大：電視櫃與臥房置物櫃相互整合，取代實體隔牆，藉此劃分公私領域，未做滿的效果，讓兩側呈現雙向開口，並製造出「回」字動線。

收納
讚

圖片提供 © 甘納設計

04 櫃體與隔間合併，滿足收納量：電視牆以櫃體形式呈現，並融入雙機能，讓隔間有了不一樣的定義，同時也滿足了屋主足夠的收納量。

02_ 運用材質滿足姐弟想要的風格小窩

姊弟倆同住，由於姊姊喜歡鄉村風，弟弟偏愛工業風，因此設計師將格局重整，動線重拉，讓整個機能格局以雙主臥，一個大衛浴，並放大公共空間 - 客廳，並針對各自的喜好以材質妝點出姊弟所需的機能。以木地板為溫暖調性，在客廳沙發背牆以文化石呈現鄉村味道。弟弟的房間除了用水管鐵件來訂製牆面書櫃外，也打造一個專屬於他的吸菸室，讓弟弟能無論陰晴風雨都能自在。姊姊房間則以帶點鄉村風的壁紙點綴，讓原本昏暗中古屋，蛻變成明亮休閒的個性宅。

People Data

屋主： Doris & Joe　　**坪數：** 25 坪
家庭成員： 2 人
說讚好設計： 材質混搭

圖片提供 © 至文設計

01_ **格局重整，公領域明亮十足：** 公共空間以木地板並大面積開窗，讓光線從廚房穿透到客廳，重新調整空間調性外，也讓公共空間休閒感十足。

圖片提供 © 至文設計

02.

開放式掛架，讓書籍隨意擺放：設計師從地面延伸至牆面，讓用餐區域的牆面色調與地面一致，並設計隱藏書架，提供主人隨意擺放自己常看的書籍，增加空間人文感。

機能
讚

圖片提供 © 至文設計

03.

專屬嗜好角落，滿足個人需求：男屋主 Joe 喜歡工業風，房間除了運用鐵件打造書櫃外，設計師也為他專屬設計專屬吸菸室，並做好通風管線等，滿足需求。

風格
讚

圖片提供 © 至文設計

04.

花紋壁紙鋪陳出鄉村風格：女主人喜歡鄉村風，以鄉村花紋的壁紙為臥室的床頭背牆，並以符合空間風格的活動櫃體，打造出專屬女主人的睡眠空間。

03_ 色彩讓 16 坪老宅變身摩登居家

這是間僅 16 坪大的老舊國宅，為改善房屋的「老態」，以及滿足一家五口的生活需求，空間必須做更有效分配與設計。因此，設計師首先在入口玄關處，結合電視櫃和鞋櫃的收納設計，為僵硬的牆面直角包裹一圈流暢弧型；並以一道清隔間拉門進行客廳和廚房的機能劃分，有效解決油煙問題，也保留了優良採光。接著則是在空間中挹注材質、色彩等，老宅變不只充滿朝氣，還搖身一變成為摩登居家。

People Data

屋主：汪小姐　　坪數：16 坪

家庭成員：夫妻 +3 小孩

說讚好設計：動線流暢、空間明亮

風格讚

01.

透光材質讓老國宅變明亮： 客廳與廚房之間以具透光的隔間拉門區隔，兩側則設計同款式的淺色木皮隔牆，一面收納拉門，另一面則分別替廚房和公共空間增加洗衣機與餐桌擺放的空間。

圖片提供 © 禾光室內裝修設計有限公司

圖片提供 © 禾光室內裝修設計有限公司

02.

弧型複合式櫃體成美麗端景： 玄關入口處的鞋櫃收納同時結合電視櫃設計。藉由溫潤木質和弧型的櫃體造型，一改僵硬而冰冷的直角，定位客廳方向的同時，也成為美麗的空間端景。

_03._ **大地色系讓家更具生命力：** 由於空間坪數不大，用色上設計者以大地色系為主，像是木質餐桌、草綠色沙發等，彼此勾勒下，空間不只舒適還充滿生命力。

圖片提供 © 禾光室內裝修設計有限公司

_04._ **白色系的廚房設計：** 廚房空間以白色系為主，一掃過往廚房陰暗印象外，並透過「雙一字型」的廚具規劃，同時還創造出充足的料理、收納空間，及順暢的動線。

_05._ **擴大衛浴空間讓機能再加分：** 一改過往狹小、老舊的空間樣貌，擴大後的衛浴空間多了一座浴缸，提供一家人絕對放鬆的舒適享受。

圖片提供 © 禾光室內裝修設計有限公司

04_現代清新中創造自我的風格節奏

由於屋主常在家工作，需要工作書桌，另對於用餐空間也很重視，希望能擁有獨立餐桌，再者也期盼改善收納機能不足的問題。於是，設計者拆除餐吧檯以活動書桌取代，沙發與書桌自然形成隔間，界定出書房；將廚房局部外推，利用廚房樑下規劃落地書櫃連結活動拉門；電視櫃位移後，改放置兩人用小餐桌，並以抽拉櫃補強收納機能。機能重新定調後，風格表現上也以現代風格來形塑，純白空間中加入局部的藍、黃、紅色點綴，在一片清新中巧妙地帶出不一樣的視覺節奏。

People Data

屋主： Kevin　　**坪數：** 11 坪
家庭成員： 2 人
說讚好設計： 書房、餐廳、客廳

質感讚

圖片提供 © 奇逸空間設計

01. **鐵件拉門讓空間線條更清晰：** 原廚房局部外推後增加了使用空間，除了配有小 L 型廚具外，並以黑鐵件勾勒的玻璃拉門串連落地書櫃，空間相互連結外也讓小環境更具立體度。

02.

利用沙發及書桌區隔空間： 撤掉原本的雙人及單人沙發，改放 L 型沙發，並將原本面門的電視牆調整至主臥方向，沙發後方則放置了活動書桌，利用沙發及書桌區隔出書房與客廳空間。

圖片提供 © 奇逸空間設計

03.

純白中加入鮮明色系點綴： 由於空間屬小坪數，對此設計者以現代風格輔以純白色系為主軸，但為了讓線條、層次更明確，試圖用黃、藍、紅、黑等色系做點綴，創造小家的自我味道。

圖片提供 © 奇逸空間設計

04.

鋪貼鏡面延伸空間感： 電視櫃調整至主臥與客廳間後，設計師利用此畸零空間規劃為可容兩人用餐的餐廳，除了放置小餐桌外，壁面也以鏡面延伸空間感。

圖片提供 © 奇逸空間設計

05_ 小宅也可以這樣優雅又奢華

從事貿易工作的 Phoebe，經常得去美國洽公也因此愛上了美式鄉村及古典風的居家風格，面對只有 18 坪的新屋，Phoebe 只要求設計師一定要兼具美式鄉村的優雅及古典的奢華，於是設計師利用了美式風格常見的元素加上傢具及傢飾完成了 Phoebe 的期待。

People Data

屋主：Phoebe	坪數：18 坪
家庭成員：夫妻	
說讚好設計：玄關＋客廳＋浴室	

風格讚

圖片提供 ◎ 摩登雅舍室內裝修設計

01 一入門就有型的風格拱門窗：為了讓人一進門就感受小宅的風格，設計師在玄關與客廳間，還有玄關牆面開了拱門窗，並用運用磁磚與木地板的地坪差異，界定空間。

圖片提供 © 摩登雅舍室內裝修設計

02 **複合設計讓單一空間多機能：**開放的餐廳搭配一旁的收納書櫃，也能轉換成一間獨立工作區，而書櫃同時兼具餐櫃功能，讓機能與空間都能多元運用。

質感讚

圖片提供 © 摩登雅舍室內裝修設計

03 **美式古典壁爐突顯風格：**以簡單線條打造美式古典風格的壁爐電視主牆，並刻意以雙壁爐堆疊的造型拉高視覺，讓空間更具風格，同時也使得空間變得開闊。

圖片提供 © 摩登雅舍室內裝修設計

04 **燈光挑高營造如頂級飯店質感：**為了 Phoebe 也能擁有五星級飯店的浴室，設計師不只運用水晶燈飾及木作天花板，創造空間焦點，還搭配壁面石材質感。

06_打造有如五星級飯店般的小宅

不到 20 坪的小宅，有著三房的配置，看似超值的房數，其實是每個房間都很小。對只有一個人居住的 Stella 來說，並不需要太多的房間，她期待的是一間可以超越五星級飯店的小宅，於是設計師將原來三小房調整成為一大房，多了間大浴室，還有獨立更衣室可兼書房使用。

People Data

屋主：Stella　　**坪數**：19.88 坪
家庭成員：單身
說讚好設計：客廳＋浴室

圖片提供 ©IS 國際設計

01 **挪移浴室增加收納空間：** 調整格局拆除格間，讓出部分空間做收納櫃，左邊臨管道間的部分做隱藏式收納櫃，另一邊則為電視櫃，另一側也規劃了收納櫃並用鏡面門片延伸空間感。

風格讚

圖片提供 ©IS 國際設計

02 **小宅也有六星級大浴室：**為了滿足喜歡泡澡的屋主需求，設計師將原主臥空間調整成為一間大浴室，有淋浴間也有獨立浴缸可泡澡，媲美六星級大飯店。

圖片提供 ©IS 國際設計

03 **小房變身更衣室兼書房：**原客用浴室旁的小房間，連結客用浴室部分空間做為大更衣室，由於屋主希望有個可上網的空間，設計師除了規劃了鏡面衣櫥外，也設計了長型書桌，讓屋主在此上網閱讀。

圖片提供 ©IS 國際設計

04 **皮製拉門讓隱藏收納更有質感：**
設計師將原主臥旁的小房連結主臥浴室變成大主臥後，將主臥與浴室的隔間拆除，並選擇皮製拉門與浴室門連成一線，不但看不出收納櫃也讓空間更有質感。

07_老屋改造變身鄉村風辦公小宅

從事貿易工作 Christine 終於如願的買下 14 坪挑高小屋當做創業的辦公室及住家，但卻是年久失修的老屋，除了希望設計師能將老屋規劃為住辦皆宜的空間外，還能滿足她的少女心，一圓鄉村屋夢想。於是設計師保留客餐廳高度，運用房子後段挑高規劃臥房，以吧檯桌取代辦公桌，並注入鄉村風元素，讓老屋小宅有了新面貌。

People Data

屋主：Christine　　坪數：14 坪

家庭成員：3 人

說讚好設計：客廳＋廚房

風格讚

圖片提供 © 采荷空間設計

01.

挑高天花板重點裝飾營造風格： 公共空間保留原有挑高，並以鄉村風必要的天花板木架的元素做為裝飾，延伸至壁面，不只空間顯得更寬敞，也更具風格。

圖片提供 ◎ 采荷空間設計

02. **畸零地整合收納並兼顧風格造型：**電視牆後方是通往二樓的樓梯，利用此處畸零空間整合各項收納機能，成為獨特的儲藏空間，同時結合壁爐造型做為電視櫃，更能突顯風格個性。

圖片提供 ◎ 采荷空間設計

03. **開放吧檯放大空間：**不同於制式辦公室的設計，設計師以開放式木作吧檯取代辦公桌，兼劃分出居家的工作領域，完整居家工作室的機能，同時也導入了風格元素。

圖片提供 ◎ 采荷空間設計

04. **移出洗手檯形成端景：**為解決老舊衛浴空間狹小的問題，設計師刻意將洗手檯移出，再以造型磚牆裝飾，形成客廳的風格端景

08_英法聯名款，歐風日常居家

為了讓每回一起返台短居的英國先生，能夠有置身英國老家的感覺，可以放鬆在家裡過著熟悉的歐風日子。女屋主特地把台式老房子換上新裝，留澳的室內設計師運用過往旅居的經驗，將英式懷舊和法式優雅，透過空間的線條鋪陳，輔以傢具傢飾的搶眼搭配，勾勒出細膩柔情的日常畫面。

People Data

屋主：傅先生、傅太太　　**坪數**：18 坪
家庭成員：夫妻
說讚好設計：鋼琴端景

質感讚

圖片提供 © 爾聲空間設計

圖片提供 © 爾聲空間設計

01. **戀戀琴迷，何處不見她**：女屋主嗜好為彈琴，進門後視線穿越古典法式拱門，便能見到鋼琴，就連身處臥室也能透過玻璃門，欣賞其倩影。

02.

法國當代時尚的美壁心機：歐美玄關為回到家後轉換心緒的所在，擺設矮櫃，放上一幅出自法國知名時尚設計師之手的絕美壁布，牆上的花磚與擺設幾可亂真。

圖片提供 © 爾聲空間設計

圖片提供 © 爾聲空間設計

03 **令人屏息的一抹藍絲絨：**以淺灰和白色為基調的客廳裡，溫潤的木地板上，擺上充滿法式柔情的古典釘扣沙發，幾幅掛畫完成一隅美景。

圖片提供 © 爾聲空間設計

04 **古典愛現代，一鏡到底浪漫：**衛浴空間走簡約現代的調性，黑灰白的六角型磁磚在地面上排列出幾何圖騰，有著浪漫邊框的造型掛鏡，訴說古典情愫。

圖片提供 © 爾聲空間設計　　圖片提供 © 爾聲空間設計

05 **開啟雙推門，探究美味之境：**將餐桌納入廚房，把法式咖啡廳的黑白地磚風格搬入家中，對開的格子玻璃門後，有光線和香氣四溢，喚起男屋主住在英國時的生活記憶。

01_ 美式拼布靈感讓小宅更有型

對於自己第一個家，Lily 充滿了期待，雖然只是 18 坪的小住宅，但她希望新家不只要有著鄉村風的溫暖，且要將她的蒐藏置入，打造如童話繪本般夢幻的小宅。擅長鄉村風格打造的設計師，以歐式鄉村風格替空間定調，並融合美式拼布靈感，結合各式各樣的進口花磚及手染木作，滿足了 Lily 的期待。

People Data

屋主：Lily　坪數：18 坪
家庭成員：單身
說讚好設計：客廳＋餐廳＋廚房

01. **拆解陽台門框放大空間：**設計師首先拆解陽台的既有門框，改以開放式拱門呈現，圈劃出一塊與廳區相連的個人工作區，並導入庭院採光與綠意，讓空間變得更為開闊。

空間讚

圖片提供 © 采荷設計

風格
讚

02.

用色彩和蒐藏讓空間更有型：
為了容納 Lily 從各地帶回來
的蒐藏，設計師在客廳規劃了
展示玻璃櫃、層架，並將鄉村
風常見元素壁爐也做為展示空
間，搭配飽和的鮮黃色牆面，
展現出空間的風格個性。

圖片提供 © 采荷設計

03.

花卉壁紙展現優雅氣息：為呼
應 Lily 的個性及喜好，設計
師不只將她蒐藏的磁磚嵌入餐
桌，同時還搭配白色法式餐
椅、花卉壁紙妝點，為空間更
添浪漫氣質！

圖片提供 © 采荷設計

圖片提供 © 采荷設計

04.

仿拼布花磚讓廚房好歐風：為了讓空間更為開闊，
公共空間皆採開放式設計，廚房設計師特別挑選
了仿拼布花磚，營造出歐式廚房的氣息。

02_長達 4 米主牆用蒐藏裝飾它

愛旅行的女主人，珍藏許多紀念品與飾品配件；男主人則喜歡收集漫畫及公仔。兩個各有蒐藏嗜好的人，卻能在 20 坪的住家中，營造出既能夠展示、收納又無壓的空間！客廳的背牆與傢具，大量採用白黑雙色搭配灰階與木色，很有療癒氛圍。主牆規劃成長形展示櫃，滿足男屋主多年來的公仔和漫畫蒐藏；架高的地板形成可坐可臥的臥榻，底下則是收納區，坐在多功能的餐桌旁，就是個人工作區，朋友相聚也足夠使用。

People Data

屋主：A & V　　**坪數**：20 坪
家庭成員：夫妻
說讚好設計：展示櫃、動線

圖片提供 © 甘納設計

01 ■ **4 米長桌工作兼聚餐**：長約 440 公分的桌面，閱讀用餐聚會都方便，牆面公仔櫃則是最具特色的裝飾品。

機能讚

圖片提供 © 甘納設計

02 **早餐吧檯也是料理檯：**呼應玄關平台線條感及空間的色彩，左側以鐵灰色線條延伸出 L 型的小中島檯面，刻意融入柱體的轉折，界定了廚房區，也是小倆口平時的早餐檯與用餐區。

圖片提供 © 甘納設計

圖片提供 © 甘納設計

03 **客廳主臥暢通無礙：**公、私領域之間利用拉門做為彈性隔屏，以電視主牆為中心，做出回字形雙向動線，在半開放格局下，使主臥、客廳窗景連成一氣，營造主臥寬敞感及隨興無拘束的生活型態。

03_黃金單身漢與珍藏紅酒的生活

年輕未婚，收藏紅酒，屋主絕對是單身貴族的代表，買了台北黃金地段的房子，卻遇上老屋常見的昏暗、雜亂、缺乏收納、漏水等問題。設計師解決漏水困擾後，以白色與木質貫穿公共空間，藉著強化複合式機能，為 12 坪小宅開闢出多面向的生活情味，餐廳區以吊櫃與流理檯隔出開放空間，並以彈性收放的木板，延展料理檯面，後方特別設置的紅酒櫃，與冰箱、牆面則拉齊成完整牆面，簡化格局動線。

People Data

屋主：TONY　　　坪數：12 坪
家庭成員：1 人
說讚好設計：紅酒櫃、動線

01▪ **清玻收納櫃展示效果好**：純白質感的 LOFT 空間，以木質平台結合視聽櫃，清玻璃打造收納櫃體，以通透材質結合木空間，頗有畫龍點睛之妙。

圖片提供 © 蟲點子創意設計 X 室內設計

圖片提供 © 蟲點子創意設計 X 室內設計

02. **紅酒櫃電器櫃齊門片省空間：**主臥與儲藏室、廁所的牆面配置為隱藏門片，藏起私領域，立面與廚房的櫃體一致，維持空間的完整。

機能讚

03.

層板下預留儲存空間：去除多餘的隔間，以開放式規劃充分發揮單面採光的優點。流理檯和壁櫃呈現平行視覺效果，延伸小屋景深，懸空設計讓整面的櫃體減輕木質量體的存在感，多出的空間也可以擺放拖鞋、掃地機器人等。

圖片提供 © 蟲點子創意設計 X 室內設計

只是用個顏色，
房子不只變大還更有型！

01_ 繽紛色塊為家帶來趣味活力

這間已有 40 年屋齡的小住宅，原多重隔間的設計不僅在視覺上造成壓迫，動線與採光也未盡理想，因此，設計師針對格局進行大幅度調動，讓使用動線更順暢，也借助主臥及客廳的大面採光讓整體空間更加明亮。此外，為了讓老屋更具「生氣」，設計師運用色彩為家帶來全新感受，以柔和且繽紛的色塊創造出不同空間的主視覺，玩出色彩的創意與活力。

People Data

屋主：林小姐　**坪數**：14 坪
家庭成員：夫妻 +1 小孩
說讚好設計：視覺主牆

01. **一道主題牆面兼具多重功能**：銜接客廳與主臥室的牆面，設計師利用繽紛躍動的色塊創造空間的主題性，本身既是沙發牆與主臥牆，同時也整合了通往陽台的門。

風格讚

圖片提供 © 合砌設計

圖片提供 © 合砌設計

圖片提供 © 合砌設計

02. **純白基底讓色彩更加驚豔：**以白色為基調的空間，不僅強化光線的穿透明亮度，也讓彩色牆面更加突出，點綴上色彩燈具與畫作，進一步呼應視覺主牆，豐富空間表情。

圖片提供 © 合砌設計

圖片提供 © 合砌設計

03.

色塊讓空間有了豐富表情：為了賦予空間全新的感受，設計者透過色塊來做配置，客廳是四角形、主臥是六角形，小孩房則由三角型勾勒出帳篷意涵，玩出顏色的創意變化與活力。

02_用色彩展現小宅個性風格

因為工作關係常去歐洲出差，Tina 對於鄉村風的居家風格可說非常非常迷戀，所以從一開始找房子 Tina 就打定主意，一定要以鄉村風為主題。找了幾位設計師都建議 8 坪的小宅最好選擇簡約現代風才不會太壓迫，好不容易找到專門打造鄉村風的設計師，只是運用色彩及材質就實現了她的夢想。

People Data

屋主：Tina　　　坪數：8 坪
家庭成員：單身
說讚好設計：客廳＋廚房

圖片提供／尚藝室內空間設計

綠色主牆形成景深放大空間：考量到 Tina 的房子只有 8 坪大，並不適合太多繁複的線板，設計師選擇明亮的綠做為客廳主牆搭配鄉村風的傢具，一樣可以營造出鄉村風情，還放大空間。

02. 文化石提升空間質感：由於空間小並不適合全室都用顏色，所以電視主牆就選擇用文化石，而這也是鄉村風代表性材質，不只展現風格也提升質感。

03 廚具門片也能展現風格：為了讓空間風格更為整體，設計師將原來建商附贈的門片換掉，以實木門片加上格柵設計來營造鄉村風情。

04. 別忽略細節連門也可以很鄉村：不只是將廚櫃門片換成鄉村風格實木門片，連浴室的門片也換上鄉村風必要元素百葉門，並搭配客廳主牆的綠。

03_拆除廚房隔間牆展現自在寬敞

新婚不久便擁有兩人愛的小窩，為了在有限的坪數裡能夠住的舒適，特別將空間的隔間牆拆除，開放式的領域規劃，讓公領域更顯寬敞、舒適；陳先生夫妻兩人特別重視廚房領域，因此，將 210 公分長的廚具延伸成 500 公分，串連吧檯空間，讓視野更顯遼闊，同時也滿足美食料理，以及兩人使用筆電或情感互動的好去處。

People Data

屋主：陳先生　　坪數：16 坪
家庭成員：夫妻
說讚好設計：吧檯

01. **收納櫃化作玄關隔屏：**將收納櫃擺設在玄關處，不僅巧妙圍塑出落塵區，同時區隔餐桌領域，深色的櫃體劃分內外領域，成為絕佳的隔間。

圖片提供 © 威楓設計工作室

質感讚

02.

深淺色調拉出層次視覺：沙發背牆以藍色調飾底，調和清爽的空間氛圍；餐廳則以深藍色系鋪陳，展現尊爵質感，深淺色系描繪出領域機能。

圖片提供 © 威楓設計工作室

圖片提供 © 威楓設計工作室

03. **鏡面讓視覺更顯延伸**：在有限的空間裡，在玄關處的壁面結合鏡面材質，隨著收納櫃中央的鏤空設計，視覺一路延伸至後方餐廚領域。

圖片提供 © 威楓設計工作室

04.

拉長廚具長度且串連吧檯：將廚房裡的檯面加長，並結合吧檯機能，一字型的設計讓走道更顯寬闊，機能的並置更滿足夫妻倆對生活的需求。

04_繽紛用色結合美感展示

身為上班族的 Jennifer 夫妻喜愛美式鄉村風，而面臨樑柱結構多，加上如何利用有限的空間融入大量儲物機能，成為屋主夫婦最關注的。最終以局部跳色的壁面運用，增添視覺活潑感，還透過畸零角落，納入各式收納機能，滿足生活實用所需。

People Data

屋主： Jennifer　　**坪數：** 18 坪
家庭成員： 夫妻、1 小孩
說讚好設計： 展示櫃

風格讚

圖片提供 © 采荷設計

01 | **活潑用色創造居家生命力：** 壁面利用不同色系界定出領域與機能，加上軟件與物件的配搭，色彩與線條織就獨特風格。

02.

豐富的傢具與軟件相融：
利用天花板的大樑結構，
劃分客、餐廳領域；沙
發與臥榻區以鮮紅色系
襯底，不但是視覺焦點
且展現動人活力。

03 **開放收納創造美學展示：**破除封閉式收納，電視牆與
一旁的櫃體利用開放式層板，讓屋主收納的餐瓷能夠
陳列其中，展現動人的藝術美感。

04 **鋪陳異國風馬賽克磚：**在充滿繽紛色彩的空間裡，挑選木紋質
感的餐備櫃，展現自然原味，中央利用馬賽克磚妝點壁面，挹
注些許華麗美感。

05_ 金屬系營造科技時尚小宅

梁先生住在 13 坪的長型空間裡，由於喜愛現代科技風尚，因此將一塊長型金屬質地貫串整面主體牆，從電視牆延伸到床頭，替簡約清爽的室內挹注一抹時尚光感，而整體壁面的視覺銜接，無形中也強化視覺開闊度；空間規劃上，更利用架高臥鋪，區隔出臥房空區，讓客廳與休憩領域隱然成形，界定領域機能。

People Data

屋主：梁先生　　**坪數：**13 坪
家庭成員：單身
說讚好設計：電視牆

圖片提供 © 堯丞希設計

01 **微型空間完備所有機能：**坪數有限的長型屋裡，創造客廳與臥房空間，利用兩側樑下空間安排收納，且將洗衣機與廚房流理台合而為一。

質感
讚

02 **前衛金屬創造電視主牆：**銀色金屬板鋪陳風格獨具的電視牆體，隔屏背面的微型空間創造收納櫃，懸空的木作平台創造輕盈無壓的展示機能。

03 **單面採光開闊空間感受：**保留一道開窗面，讓光線走進室內深處，拉闊視覺尺度，並順著窗邊六角形的窗檯，打造自在休閒風格的臥榻區。

04 **架高木地板拉出臥房區：**靠窗處以架高木地板的設計巧思，藉由高度的視覺變化，界定出領域機能，讓客廳與臥房空間分明，又相容一室。

06_ 把藝術帶入居家的白色系居家

從事設計領域的金先生，為了在有限的空間與家人共享愛的小窩，花了許多心思跟設計師溝通設計細節，包含色系、比例切割，讓美感與機能更顯完整。白色的櫃體造型一路延伸到電視牆，白色系的視覺延伸，自然營造出放大的視覺感受；廚房空間擺設 L 型中島與廚具，落地窗讓戶外光源引入空間，呈現明亮、愜意的生活氛圍。

People Data

屋主：金先生　　**坪數：**15 坪
家庭成員：夫妻、1 小孩
說讚好設計：電視牆

風格
讚

圖片提供 © 樂沐制作空間設計

01　**紫色壁面擺設藝術畫作：**有別於空間裡以白色與木紋質感鋪陳，利用紫色調的壁面，擺設一幅雅致的藝術畫作，展現人文藝術氣息。

圖片提供 © 樂沐制作空間設計

 02 **電視牆結合收納櫃：**從玄關開始打造白色櫃體，一路延伸至客廳，轉化為電視牆造型的一部分，以明亮的白色調飾底，讓空間更顯寬敞。

質感
讚

圖片提供 © 樂沐制作空間設計

03

清水模質感的中島檯：利用清水模質感打造的中島，流露一股簡約、樸質的生活況味；L 型的檯面設計，勾勒出日常的行走動線。

04

樑柱結構結合冷氣風口：廚房的天花板特別壓低設計，讓主次領域分明，並以仿水泥質感打造，冷氣出風口隱於其中，造型與機能相融。

圖片提供 © 樂沐制作空間設計

07_個性鮮明的灰美學

這棟地段好，但通風不良、漏水、管線老舊等問題叢生的老房子，是直到委託設計師重新規劃後，才開始變化出連屋主自己也倍感驚奇的模樣！原先室內陰暗又封閉的視野，因為格局重新梳理配置，外加彈性介質的運用，變得開闊又通透，包含電視牆在內的長牆面，以仿清水模塗層施作，當俐落又不失個性的暖灰階一躍上舞台，整個屋子立刻風格鮮明起來。

People Data

屋主：JOE　　**坪數**：25 坪
家庭成員：單身男性
說讚好設計：客廳

圖片提供 © 蟲點子創意設計 X 室內設計

01 ▪ **拉門、捲簾當隔間**：想要擁有開闊的空間感，又希望不同的場域機能各自獨立，不妨試試利用拉門、捲簾、布幔等，這類輕軟的素材當隔間。

風格
讚

02.

簡化素材：壁材種類盡量簡單如果空間不大，那麼主要的櫃體造型、連續牆面，最好避免使用太花俏或兩種以上素材的堆疊，很容易會造成視覺的壓迫，看久了也生膩。

圖片提供 © 蟲點子創意設計 X 室內設計

03.

燈溝迎賓有創意：一般人家的玄關大概都會作些精心佈置，不過設計師改用從天花板往下，垂直延伸到展示櫃的深色燈溝，作為歡迎回家的溫暖語彙。

圖片提供 © 蟲點子創意設計 X 室內設計

圖片提供 © 蟲點子創意設計 X 室內設計

04.

雙色櫃超有型：許多住宅因結構關係，部分房間都避不開壓樑問題，利用樑下深度增設收納櫃也挺常見，但設計師以外白內黑方式打造的雙色櫃子，多了些趣味。

08_英倫 Style 電視牆，品味決勝點！

年輕夫妻買下 23 坪的新成屋，身為工程師的兩人渴望把歐洲的慵懶生活搬回家中，但又有著打 VR 電動的嗜好，需要 2.5 平方公尺的空間做為遊玩基地，設計師配置格局，將客廳格局拉到最大，大膽用藍黑色做出深色電視牆，刻意弱化科技性配件，藉由電視櫃上擺設的私藏物件，突顯屋主的生活品味。

風格讚

People Data

屋主：尹先生、尹太太　　坪數：23 坪

家庭成員：夫妻

說讚好設計：電視牆

01. **動態式陳列，電視牆展品味：**深色電視牆為入門後，第一個視覺重點，以極細的鐵件做為電視牆的收納展示架，高低錯落間，輔以滑動層板，隨興調整展示形式。

圖片提供 © 爾聲空間設計

圖片提供 © 爾聲空間設計

圖片提供 © 爾聲空間設計

02. **進退得宜，灰是最溫和的妝點：**灰色如水泥般的背牆，為黑色電視牆和白色天花板的溫柔緩衝，中間採開放層板設計，兩側以橫拉門隱藏更多收納的空間。

03. **黑與白的立體飾紋協奏曲：**
天花板的四個角落融入柔美
自然的設計語彙，開枝散葉
的祝福從天而降，對應深色
電視牆的方正的古典線板，
編織出風格協奏曲。

圖片提供 © 爾聲空間設計

是誰說大傢具不適合小房子！

01_ 小宅也能享受中島廚房的開闊感

為了在有限的坪數實現女主人開放式中島廚房的夢想，設計師一反過往以客廳作為公領域核心的常態，善用空間原本的挑高優勢，將中島廚房安排在空間尺度最佳的落地窗邊，利用垂直視野的開闊性，化解大型中島可能帶來的空間侷促感，同時結合屋主的生活習慣，整合收納與輕食功能，讓中島成為家中最主要的活動區域。

People Data

屋主：陳先生　**坪數**：17 坪
家庭成員：夫妻
說讚好設計：中島設計

01.

挑高格局弱化大型中島量體：開放通透的挑高格局，即便室內空間僅不到 20 坪，保留垂直面的絕佳視野尺度，弱化水平向的量體面積，小宅也能擁有夢想中的開放式中島廚房。

質感
讚

圖片提供 © 樂沐制作空間設計

圖片提供 © 沐制作空間設計

02.

多重功能讓中島成為家的核心：挑高 4 米的樓高匯集落地窗外的光影變化，讓餐廚中島化身家的視覺主舞台，隨時化身輕食吧台、書桌、工作桌等多重功能，成為屋主日常最主要的活動區域。

圖片提供 © 沐制作空間設計

03.

打開窗，來場戶外派對：將中島安排於落地窗邊，親友來訪時便可將落地窗全打開，聯結戶外與室內，在週末輕鬆來場戶外派對。

圖片提供 © 沐制作空間設計

04.

結合中島收納，讓空間更俐落：將餐廚區域的日常收納統一集中於中島內，不僅補足一字型系統櫃體的收納限制，減少櫃體的設置、增加空牆的面積，更能營造室內空間的俐落簡潔。

02_ 我家也有五星級廚房

好多朋友都以為房子小，就算看見喜歡的傢具、單品，也往往因為尺寸的疑慮被迫放棄，但誰說小房子就不能擺設大型傢具呢？來看看這處僅僅 18 坪大的中古華廈，不但擁有舒適的兩房，設計師還為愛下廚的女主人，精心打造一座豪宅等級的大型中島廚房，量身訂做的機能中島附加水槽，並與木頭長桌銜接形成聚落，到訪過的親友都為之欣羨不已哩！

```
┌─ People Data ─────────────
│  屋主：Jean      坪數：18 坪
│  家庭成員：夫妻
│  說讚好設計：廚房
└───────────────────────────
```

質感讚

圖片提供 © 蟲點子創意設計 X 室內設計

01 **中島加長桌的機能軸線：**看起來很有存在感的廚房中島以及木頭長桌，實際上完成尺寸事前都經過精確計算，而且長桌的部份選擇可收入桌下的長凳取代一般餐椅，完全不佔空間。

02. **清水模造型牆：** 受到安藤大師的感召，這幾年清水模儼然成了各類空間、建築設計的寵兒，但真正清水模造價並不便宜，改以仿清水模塗料製作電視牆，省預算也不減質感。

圖片提供 © 蟲點子創意設計 X 室內設計

03. **重點色畫龍點睛：** 色彩向來是空間設計師的利器，從玄關處的大面鏡牆轉進餐廚區，選用棗紅帶紫的特殊色作為餐廚區背景，同時也襯托色塊上方設計師親手繪製的塗鴉。

圖片提供 © 蟲點子創意設計 X 室內設計

04. **曲線秀創意：** 客廳電視牆後方即為主臥，有趣的創意也出現在這裡；由客廳區窗前坐榻往主臥延展，隨著檯面上升成為臥室裡的閱讀兼梳妝區，設計上一氣呵成沒有斷點。

圖片提供 © 蟲點子創意設計 X 室內設計

PLUS 提升質感重點提示

01_ 找出最重視的空間局部放大

空間愈小空間規劃愈重要，想要享受超越坪數的空間感，可從生活方式做思考，找出生活中最重視的空間並局部放大，不管是客廳、餐廳甚至書房，融入生活型態的空間規劃，住起來舒適絕對更加倍。

02_ 選擇一種昂貴的材質重點使用

使用昂貴的建材，就能打造出具奢華感的空間？答案並非絕對，因此與其全部使用昂貴的建材，不如選擇一種單價較高的高級建材重點運用於空間，可有效節省預算的同時，一樣可以達到升級空間的效果。

03_ 設計櫃體、樑柱細節呈現精緻

小坪數最愛開放式設計，但居家空間少不了的櫃體以及無法避免的樑柱，是最容易被忽略的地方，不妨利用線板、鏡面等帶有華麗元素的材質，貼覆在櫃體和樑柱表面適度做裝飾，既能豐富空間元素又能展現精緻感。

04_ 經典傢具值得投資，又能增添時尚感

除了將預算用在裝潢設計及建材費用上，傢具也是相當值得投資的單品之一，傢具不只靈活運用度高，造形質感兼具的傢具則能替空間製造吸睛點，並增加時尚感，若是知名設計師款還具保值價值。

05_ 燈具造形讓光線也變華麗

自然光線可讓空間變得更開闊，人造光源則能替空間營造氛圍。營造空間氛圍，除了光線顏色的選擇及位置安排之外，燈具的造形及材質也會影響空間感，例如：水晶燈或不鏽鋼等具發亮材質的燈具，可呈現華麗感，有各種顏色的 LED 燈，則能展現有如 Lonuge 般的潮流時尚。

06_ 升級設備，讓生活不只是便利

生活中常用的各種設備，如：衛浴設備、音響設備、地暖系統等，藉由提高這些設備的等級，不只可以增加生活上的便利，強調設計感與功能的設備，更能提升空間質感與生活品質。

PLUS 營造風格重點提示

01_俐落風格有助放大空間感

線條會影響空間感，若空間中有過多的線條裝飾，反而會讓人感覺空間被切割，因此小宅在選擇風格時，最好選擇線條簡潔，又沒有多裝飾的風格，才能兼顧到風格及空間感。

02_純粹絕對比混搭適合

這幾年很流行混搭風，比較能夠凸顯出個人風格，但當坪數有限時，混搭反而容易讓空間變得零亂，所以不如選擇單一風格來呈現，讓空間更為清爽。

03_吸眼球的風格設計亮點

小宅因為坪數有限，無法像大空間有大面的天地壁可以去揮灑出風格，那就找出一面牆或是地板重點式的呈現出風格個性，既聚焦又不會影響空間感。

04_用陳設物件靈活塑造風格

傢具、布飾等軟裝元素最能畫龍點睛，點出風格的個性，小宅因為寸土寸金，連一面牆都要合算地被運用，所以與其用硬體呈現風格，不如運用軟裝還更為靈活，日後若是想要轉換風格也只要換換軟裝就可。

05_結合 Lifestyle 的設計更適合小宅

在思考小宅風格時不能只想著表象的風格呈現，還是要能結合生活喜好、習慣及期待，結合 Lifestyle 的設計不只是滿足實用機能更能展現居住者的個性。

06_整合風格元素及實用機能

整合是小宅設計最重要的概念，可以將風格元素與實用機能結合，像是白色木作格子隔間牆既能營造穿透感又能展現鄉村風的個性，或是壁爐造形的電視櫃一樣具有效果。

FUGE 馥閣設計
臺北市大安區建國南路一段 258 巷 7 號 1 樓
02-2325-5019
www.fuge.tw
hello@fuge.tw

IS 國際設計
台北市松山區民生東路 5 段 274 號 1 樓
02-2767-4000
ideaservice.pixnet.net/blog
cjh54419@ms24.hinet.net

KC design studio 均漢設計
臺北市中山區農安街 77 巷 1 弄 44 號 1 樓
02-25991377
www.kcstudio.com.tw
kpluscdesign@gmail.com

THE ORIGIN 元典設計
臺北市中山區中山北路二段 62 巷 33 號
電話：0922-235-353、02-2523-7113
www.origin-design.info
origindesign3808@gmail.com

九禾室內設計
臺北市大安區潮洲街 60 巷 10 弄 2-1 號 1 樓
02-23963525
nice-fit.com.tw
nice-fit@nice-fit.com.tw

九思室內建築事務所
高雄市左營區南屏路 219 巷 14 弄 5 號
07-554-8200
www.9s-design.com
9sdesignic@gmail.com

及境國際有限公司
台北市內湖區文德路 210 巷 30 弄 80 號 1 樓
02-8751-3689
www.tmblueprint.tw

禾光室內裝修設計有限公司
臺北市信義區松信路 216 號 1 樓
02-2745-5186
herguang.com

甘納空間設計
臺北市大安區安東街 35 巷 10 號 1 樓
02-2775-2737
ganna-design.com
info@ganna-design.com

至文室內裝修
臺北市仁愛路一段 4 號 4 樓
02-23968078
www.chihwen-design.com
vmomov13@gmail.com

合砌設計
臺北市松山區塔悠路 292 號 3 樓
02-2756-6908
www.facebook.com/hatch.taipei
hatch.taipei@gmail.com

安德康系統室內設計
台中市南屯區文心南路 102 號
台中 04-24717711、桃園 03-2120678、
新竹 03-6578-755、台南 06-2496677、
高雄 07-3422929
www.anderkong.com
anderkong12345@gmail.com

采荷設計
0938-803-067、
0913-631-883、
02-2311-5549、
07-2364-529
www.colorlotus-design.com
info@colorlotus-design.com

采豐國際室內設計
臺北市中山區撫順街 2 號 9 樓之 3
0972-969-331、 02-25927580
tf01ryan@gmail.com

杰瑪設計
臺北市松山區民權東路三段 144 號 8 樓 825 室
02-2717-5669
www.jmarvel.com
service@jmarvel.com

法藝設計
臺北市信義區基隆路二段 149 之 53 號
0958-502-080 、02-23781688
www.fayideco.com
fayideco@gmail.com

奇逸空間設計
臺北市大安區信義路三段 150 號 8 樓之 1
02-27557255
www.free-interior.com
free.design@msa.hinet.net

室覺空間創作
新竹縣竹北市成功十五街 62 號
03-6670619
www.vp-creation.com
aidan_1031@icloud.com

凱翊室內空間設計
地址：臺北市松山區三民路 29 巷 7 號 4 樓之 3
電話：0912-265-497
網址：www.facebook.com/121141714888506
電郵：kaiyi.design@gmail.com

堯丞希設計
桃園市桃園區中正路 1249 號 13 樓 -4
03-357-5057
yaoxhsi@yahoo.com

樂沐制作空間設計
臺北市大安區臥龍街 145-1 號 1 樓
02-2732-8665
www.themoo.com.tw
service@themoo.com.tw

威楓設計工作室
新北市林口區文化三路一段 191 巷 14 號 3 樓
0920-508-087、
0920-508-087
www.the-w.com.tw
snowlee21@gmail.com

墨比雅設計
台中市西屯區台灣大道四段 656 號 2 樓
04-2463-1870
design.mobilia.com.tw
mobilia.d@gmail.com

裝潢便利通
臺北市信義區光復南路 555 號 5 樓
02-2723-6655
www.banliton.net
service@banliton.net

摩登雅舍室內設計
臺北市文山區忠順街二段 85 巷 29 號 15 樓
02-2234-7886
www.modern888.com
vivian.intw@msa.hinet.net

綺寓空間設計
臺北市信義區松仁路 228 巷 9 弄 5 號 1 樓
02-8780-3059
mrculo@gmail.com

維度空間設計
高雄市前金區成功一路 476 號
07-231-6633
www.did.com.tw
service.didkh@gmail.com

森境 & 王俊宏室內裝修設計
臺北市中正區信義路二段 247 號 9 樓
02-2391-6888
www.wch-interior.com
sidc@senjin-design.com

齊禾設計
臺北市松山區八德路四段 245 巷 32 弄 18 號
02-2748-7701
www.chihedesign.com
nfo@chihedesign.com

博森設計
臺北市內湖區金龍路 348 號 1 樓
02-2633-9586
www.bosondesign.com.tw

福研設計
臺北市大安區安和路二段 63 號 4 樓
02-2703-0303
happystudio.com.tw
jimmy@happystudio.com.tw

爾聲空間設計
臺北市大安區永康街 91-2 號 3 樓
02-2358-2115
info@archlin.com

蟲點子創意設計
臺北市文山區汀州路四段 130 號
0922-956-857、
02-89352755
indot.pixnet.net/blog
hair2bug@gmail.com

築悅空間設計
高雄市左營區重建路 10 號
0952-685-882、
07-3481378
nigo1670@gmail.com

鄭士傑設計
臺北市松山區新中街 48 號 1 樓
02-37653823
www.jsc-design.in
jsc@jsc-design.in

將作設計 & 張成一建築師事務所
臺北市長春路 40 號 11 樓之 3
02-2511-6976
www.jiang-tzuo.com.tw
ci.chang212@gmail.com

錡羽創意空間設計
桃園市八德區豐田路 43 號 7 樓
0988-596-451、
0988-596-451、
03-389-1987
pnickp0210.pixnet.net/blog
qypartner@gmail.com

謐空間研究室
臺北市文山區辛亥路七段 5 巷 5 號 4 樓
02-2236-6258
www.mii-studio.com
mii.studio.info@gmail.com

耀昀創意設計
臺北市萬華區莒光路 231 號 1 樓
02-2304-2126
www.alfonsoideas.com t
homas@alfonsoideas.com

懷特室內設計
臺北市信義區虎林街 120 巷 167 弄 3 號
02-2749-1755
www.white-interior.com
takashi-lin@white-interior.com

國家圖書館出版品預行編目 (CIP) 資料

屋主都說讚！全能小宅設計：擺脫制式房廳
侷限，收納強、機能多、有風格、無壓力，理
想生活從小宅開始 / 漂亮家居編輯部著. --
初版. -- 臺北市：麥浩斯出版：家庭傳媒城邦
分公司發行, 2017.07
　面；　公分
ISBN 978-986-408-286-5（平裝）

1. 家庭佈置 2. 室內設計 3. 空間設計

422.5　　　　　　　　　　　　　106008216

屋主都說讚！
全能小宅設計：擺脫制式房廳侷限，收納強、機能多、有風格、無壓力，
理想生活從小宅開始

作者　　　　漂亮家居編輯部
責任編輯　　張麗寶・楊宜倩
文字採訪　　余佩樺・林雅玲・許嘉芬・張麗寶・詹雅婷・楊宜倩・蔡銘江・劉亞涵
美術設計　　林宜德
插圖繪製　　楊晏誌
行銷企劃　　呂睿穎

發行人　　　何飛鵬
總經理　　　李淑霞
社長　　　　林孟葦
總編輯　　　張麗寶
叢書主編　　楊宜倩
叢書副主編　許嘉芬

出版　　　　城邦文化事業股份有限公司 麥浩斯出版
E-mail　　　cs@myhomelife.com.tw
地址　　　　104台北市中山區民生東路二段141號8樓
電話　　　　02-2500-7578

發行　　　　英屬蓋曼群島商家庭傳媒股份有限公司城邦分公司
地址　　　　104台北市中山區民生東路二段141號2樓
讀者服務專線　0800-020-299（週一至週五上午09:30～12:00；下午13:30～17:00）
讀者服務傳真　02-2517-0999
讀者服務信箱　cs@cite.com.tw
劃撥帳號　　1983-3516
劃撥戶名　　英屬蓋曼群島商家庭傳媒股份有限公司城邦分公司

總經銷　　　聯合發行股份有限公司
地址　　　　新北市新店區寶橋路235巷6弄6號2樓
電話　　　　02-2917-8022
傳真　　　　02-2915-6275

香港發行　　城邦（香港）出版集團有限公司
地址　　　　香港灣仔駱克道193號東超商業中心1樓
電話　　　　852-2508-6231
傳真　　　　852-2578-9337

新馬發行　　城邦（新馬）出版集團Cite（M）Sdn. Bhd.（458372 U）
地址　　　　41, Jalan Radin Anum, Bandar Baru Sri Petaling, 57000 Kuala Lumpur, Malaysia.
電話　　　　603-9056-3833
傳真　　　　603-9056-2833

製版印刷 凱林彩印有限公司　　　定價 新台幣399元
2017年7月初版一刷・Printed in Taiwan 版權所有・翻印必究（缺頁或破損請寄回更換）